A Century of Austrian Design
(1900 ~ 2005)

奥地利设计百年

(1900~2005)

[奥] 图加·拜尔勒
　　卡林·希施贝格尔　编著

赵　鹏　译

中国建筑工业出版社

目 录

						8	9	10			
			20					26			
	34							44			
	50			54				60			
			68								
81	82		84		86		88		90		92	94		96
97	98		100		102		104	105	106		108		110		112
113	114		116		118		120		122	123	124		126		128
129	130		132	133	134		136	137	138	139	140		141	142		144
145	146	147	148	149	150	151	152		154	155	156		158	159	160
	162		164	165	166		168		170	171	172		173	174		176
177	178		180	181	182	183	184	185	186	187	188	189	190	191	192
193	194		196	197	198	199	200	201	202	203	204	205	206	207	208
209	210	211	212	213							221				

8	**设计与视觉化概念** 媒体自我反思时代的书本设计 瓦尔特·帕明格	50	**1/8升的感觉更好** 设计和流行文化 多丽丝·克内希特
9	**前言** 图加·拜尔勒，卡林·希施贝格尔	54	**自我设计和身体公式** 来自奥地利的时尚史 布丽吉特·费尔德尔
10	**创作的矛盾心理** 奥地利的设计精神？ 克里斯蒂安·维特－多尔林	60	**街道的声音** 作为文化商品的海报 埃尔温·K·鲍尔
20	**钟爱的习俗** 维也纳咖啡馆就是一个大沙龙 乌特·沃尔特罗	68	**关于本书** 图加·拜尔勒，卡林·希施贝格尔
26	**寻找心灵的庇护所** 征服阿尔卑斯山的运动 沃尔夫冈·保泽	81	编年词典
34	**介于工具和感动之间** 最佳点 加布里埃莱·科勒	213	主题示意图
		221	参考文献
		224	附录
44	**储备未来** 奥地利设计迷人的从容 莉莉·霍莱茵	225	作者简介
		226	编著者简介
		226	致谢

编年词典目录*

* 按首字母排序的索引
参见本书封面

82	Thonet Vienna	129	Kalmar
84	Wagner Otto	130	Praun Anna-Lülja
86	Loos Adolf	132	Sonett
88	Wiener Werkstätte	133	Soziale Wohnkultur
90	Hoffmann Josef	134	Riedel
92	Peche Dagobert	136	Eumig
94	Austrian Werkbund	137	Lilienporzellan
96	Rosenbauer	138	Österreichisches Institut für Formgebung
97	Haus und Garten	139	Schwanzer Karl
98	Lobmeyr	140	arbeitsgruppe 4
100	Schütte-Lihotzky Margarete	141	Kneissl
102	Atelier Singer-Dicker	142	Wittmann Möbelwerkstätten
104	Design Austria	144	Tyrolia
105	Bösendorfer	145	Seidl Alfred
106	Plischke Ernst A.	146	Denzel Marianne
108	Augarten	147	Goffitzer Friedrich
110	Berzeviczy-Pallavicini Federico	148	Proksch Udo
112	Schuster Franz	149	Papanek Victor
113	Matador	150	Pichler Walter
114	Frank Josef	151	Spalt Johannes
116	Kiesler Frederick	152	Haus-Rucker-Co
118	Steyr-Daimler-Puch	154	Beranek Ernst W.
120	Rudofsky Bernard	155	Graf Ernst
122	Porsche Ferdinand	156	ORF Austrian Broadcasting Corporation
123	Werkstätte Hagenauer	158	Gmundner Keramik
124	Werkstätte Carl Auböck	159	Frank Heinz
126	Haerdtl Oswald	160	COOP HIMMELB(L)AU
128	Rainer Roland	162	Hollein Hans
		164	Section N

165	Habsburg Dominic		201	Valentinitsch Dietmar
166	Garstenauer Gerhard		202	Fronius
168	Swarovski		203	Gamper Martino
170	Stieg Robert M.		204	Walking Chair
171	Fenzl Kristian		205	a-u-s
172	Porsche Ferdinand A.		206	departure
173	Hölbl Werner		207	For Use
174	Bene		208	Chavanne René
176	Skone James		209	bkm
177	PRINZGAU/podgorschek		210	Menschhorn Sebastian
178	Zumtobel Staff		211	Palatin Gottfried
180	Wagner Michael		212	POLKA
181	AKG			
182	Czech Hermann			
183	Silhouette			
184	schmidingermodul			
185	Steiner Christian			
186	Kiska Gerald			
187	Peschke Matthias			
188	SunsSquare			
189	KTM			
190	Baldele Georg			
191	Hasenbichler Thomas			
192	Heufler Gerhard			
193	Plank Reinhard			
194	EOOS			
196	Fischer			
197	Hussl			
198	Stadler Robert			
199	idukk			
200	Skidata			

设计与视觉化概念
媒体自我反思时代的书本设计

瓦尔特·帕明格

　　我们个体和群体的行为日益受到科技监控设备的影响，这就使我们媒体面临着带有挑剔性的反馈。那么，一本书的设计应该如何面对这种现实呢？我们又如何在没有充分证明过、没有经典范例的情况下，挖掘媒体自身的潜力呢？我们可以尝试从书的边缘开始做文章：即目录和索引的表格。与传统的导读功能一样，类似"导航器"的这些表格会更便捷地指引我们找到书中的相关内容。

　　基于一个隐喻性的名字"设计大观"，一个很德国式的书名，我进一步发展了这些不被注意的书内索引和自我述评的诸多方面，描述了作为格栅页码设计的直线型连续性。目录的表格也因此变成了本书内容的一个示意图。

　　这个典型模式或者说是"主题示意图"可以使读者沿着一个"时间先后顺序的轨迹"选择所要阅读的部分。词汇条目与表格的页码模块相对应，从而使这些词汇条目融入主题图表的统计模块，而且这种时间排序的方式也阐明了词干表隐含的历史层面。

　　沿着"时间先后顺序"的页码参考在本书设计中以导向性方式表现：索引，通常在一本书的后几页出现，作为设计师或公司的直接参考并指出它们出现的章节数，这种方式可以使书中的索引更加形象化。

　　本书基于严肃的事实，坚持讽刺的态度：不同的图表揭示了隐藏的内容。编辑和作者私下参与了我的这个理念。我必须说明的事实是，他们在不知道多种不同水平的"监控设备"将要冒出来的情况下，会对"名誉下降"作出回应。本书的读者是最先享受到这种特权待遇的人：被给予"二阶观察的机会"（尼克拉斯·卢曼），在这里，您不但可以看到设计评论，而且可以进入经过编辑谨慎过滤后的奥地利"设计大观"中去洞悉体会。同时，本书设计自由，阅读本书，读者可以将之作为一种系统分析和知识获取的练习。

前　言

图加·拜尔勒，卡林·希施贝格尔

我们有意出版这本书是基于奥地利设计艺术的正面评论仍然不发达的事实。一个世纪以来的设计成就无论在奥地利国内还是在国外都被低估了，其原因不仅在于奥地利国内缺乏强制性的设计政策和相应自信的宣传策略，还在于缺乏总论上的学术工作。

本书提供了这么一个初始性的总论，内容主要是在奥地利这个国家轰轰烈烈的工业发展历史背景下以及传统与迅猛激进的自由创造行为之间矛盾不断的情况下探讨奥地利的设计。虽然本书只集中在工业设计、家具设计和产品设计，但是却非常全面地描述了这个国家的视觉和物质文化，描述了图形、时尚、室内设计以及流行文化领域的重要成就，以及已得到这些领域内具体的活动现象和主要人物的工作验证过的流行文化。其中，图形设计的验证通过海报文化反映出来；时尚表现在服装代码上；室内设计表现在咖啡馆文化中；而流行文化则在一些普通产品，包括奥地利具有代表性的食品和酒水等实物设计语汇中得到了强调。至于包装设计、手工艺、珠宝以及一些配件的设计，我们则有意排除在外。

简介查询部分按照奥地利设计历史的时间顺序排版。这部分概述了所收录的设计师以及从事设计工作的公司团队的成就，不但包括协会机构和各种学科背景的设计师，还包括那些曾经或者正在对奥地利设计语汇发展起到不朽作用的人们。少数几个建筑师的全部作品也得到收录，特别是设计方面的作品。个体简介根据所描述产品设计的时间先后排序，作为出版物本身，为了让读者更便捷地找到书中的相关信息，在索引部分尤为下了一番心思。在现代化的信息文化术语里，这种索引方式使得"快速切换"和"快速搜索"自始至终得到了贯彻。

在本书后面的注释中，我们没能对奥地利设计历史的发展起到至关重要作用的一些公司提供一个足够全面的参考索引，因为那些成就已经遗失或者不再能够获得。同样，在简介查询部分，我们也没能具体描述每一位活跃在奥地利设计舞台上的人，敬请读者见谅。

创作的矛盾心理

奥地利的设计精神?

克里斯蒂安·维特—多尔林

为建立一种独立的、奥地利式的设计风格,在创作的过程中需要考虑这样一个问题,即设计作品是否明确了奥地利人的日常生活方式,以及是否融入了支撑这种生活方式的客观物质世界的特有属性。正如我们所知,一个设计作品的实现取决于诸多因素——从功能到材料再到加工工艺,只有发现并理解哪些设计创作因素是在作品最终成形的过程中占有决定性或者是至关重要地位的因素,才能更好地理解价值创造的过程,才能不断地为设计提供文化领域中普遍存在的思维方式方面的信息。

在当今的文化思潮中,功能依然扮演着一个关键的角色。在重新定义"功能"这一概念时,总会与主要的社会变革发生直接的联系。努力执行新定义的实施以及实施后的社会实际接纳度,充当了衡量一种设计文化价值的标尺:在面对新思潮的时候,一种文化是愿意虚心接纳,还是墨守成规? 对于事物主要原理的分析、探索以及决定,是针对物体外部表象,还是针对于由形式所决定的内容?设计产生的过程是从内容到形式,还是从形式到内容? 最终,是什么样的行为模式产生了创意,并且人们又是如何权衡处理的? 在执行的过程中,人们是全盘接受,抑或仅仅是采纳了其中的某些方面?

人们开始有意识地去认知一种文化的特性是通过与其他文化相比较而实现的。但是一些文化主题的缺失要多于它们的留存。例如,我们如何解释这一现象,即对于奥地利的艺术、工艺以及设计而言,从未有过一种实证主义的历史性回顾。诚然,关于19世纪五六十年代之前的设计者、手工艺者以及消费者,我们只能得到极少的一些基本信息。而艺术史的论述也因此几乎完全是从风格上而不是从文化历史的角度去贴近文化特性这一主题。奥地利的艺术品和手工艺品很少有被记录在案或是确定诞生年代的。关于创作个人在社会中的角色又揭示了什么? 个人完成了一些作品,却因为这些作品是匿名的,从而忽视了他们的成就,而这又好像是理所当然的事。我们的社会对待那些由设计者或公司留下来的财富采取的依然是相似的方法。对于产品文化信息的整体性、设计者及其继任者都没有严肃对待,更不要说为子孙后代保存它们了。

直到18~19世纪之际的拿破仑战争,一种独特的独立于其他文化的表达方式,最先产生于包括奥地利在内的德语地区。

　　法国革命后,人们开始通过所隶属的国家而不是所隶属的统治者来证明自我。此时的奥地利,主要出于商业原因,人们开始有意识地去探索和建立区别于其他国家的自主的设计方式。奥地利帝国的设计风格已经从其创造者——法兰西帝国的式样中解放出来,只是外形还采取的是法兰西装饰。而这种装饰也摆脱了那些过分鼓吹新法兰西帝国的设计语言,确定了一种精致而又完全沿袭18世纪装饰主体的风格。由于这种原因,在奥地利,建筑立面采用了新潮的设计语汇,而室内主体依然保持着传统的风格,室外和室内融合了两种不同时代的信息。这也成为奥地利设计对待现代化的到来而采取的主要态度,也就是说人们并不去质疑内容,而只是从外观形式上推陈出新。从这一点来看,那些设计文化的创新者,那些努力争取设计文化基础性改革的人们变得非常被动。直到接下来的几代里,他们的贡献才被国家发行领域作为明确的奥地利设计成就而采用,并想像成一种进步精神。

　　奥地利的保守派和改革派都以一种防守的姿态工作着,他们都将自身所代表的价值体系作为攻击武器。两派彼此劝说的方式并不是基于一种人道的关爱,而是一种挑衅。双方对话的对象不是消费大众(整个社会),而是彼此的对手,他们更倾向于征服而不是劝说。"不追随者即是反对者"成为斗争的口号。沉沦于一种情感的盲目性,双方本应富有成效的价值论战都没有将积极的方面引入其中。由于一个阵营对另一阵营价值的认识和审视过于狭隘(本来这种认识和审视能对即将发生的事情产生有所帮助的结论),所以对于艺术的争论依旧没有进展。因为人们的头脑里已经根深蒂固地认为对阵双方有着对抗的"立场",所以对方的

上图:19世纪维也纳街道标识的留痕,1960年以来覆盖原处的新街牌。

下图:依照19世纪样本,20世纪80年代复制的街牌标识

言论并没有得到利用，相反却用来巩固了自身的信念。抛开这些信念最初的背景不谈，它们都沦为了对阵双方任意使用的工具。这样的结果既不能引发史学上的思考，也不能产生进步的观念，论辩双方都没有产生出基础扎实的意识形态。这是奥地利历史中一个普遍存在而又显而易见的不幸。双方在试图说服的过程中都尽最大努力去建立一个事实，但这个事实却非自己一方所拥有的主题。这就类似于采矿，一旦有恰当的时机，人们就会挖掘那些个性化的主题并使之成为热点。由于人们认为这样的历史是一种负担，所以历史也就适应了人们的无意识性。保守派和改革派的思想都成为一种奢侈的消费品，而不是满足基本生活保障的必需品。没有一种途径能达到有意识的自我证明的阶段。

　　当事实被极大扭曲以致失去了在说服过程中的可靠性时，当和谐的社会普遍需求直接反对必要的改变时，革新者开始采用夸张的手段来实施他们在绝境中的最后挣扎。在这个安静的一成不变的领域中，这是惟一能激起人们注意必然性改变的方法。用一种新的思考方式得出结论，同时质疑社会迄今正常运转的方式，这种思维对于那些自我满足的、有良好社会地位的公众来讲往往是种威胁，并因此引起他们的恐慌。没有人主动走这条路，在这个方面，维也纳似乎是个顽固地带。早在18世纪，游客已经将这个城市定义为费阿刻斯（Phaeacian）风格的中心。在人们对于社会未来发展的关注中，承担了人类审美表象的参与者们被要求采取一些激进的表达方式来获得所有人的注意。典型的例子是两次针对维也纳并被国际上认可的改革运动，第一次发生于19世纪末，第二次在1960年。由于社会没有逐步地、连续地产生变化，在长期的政治性停滞后，这种变革没有任何征兆地猛烈爆发了。不过，如同火花般的变革尽管点燃了自己周围所有的东西，同时熄灭得

MAK——信息广告，2004年

13

也很快速。

以这种迅猛的方式,国际发展的重要动向在奥地利得到了确立,然而促进奥地利设计进一步持续发展的力量和公众的普遍认可却产生于国外。两种情况最有可能导致这种现象:首先,奥地利社会中包含着极不发达的民主态度,这种态度导致协调合作过程中从没有相互支持的传统。其次,在进步的建筑和设计领域中,尤其是和美术(主要指绘画和雕塑)关系密切的领域内,设计作品退出了每天的现实生活,自身孤立地完成。两种情况的产生都是由于在天主教文化中个人地位的低下。自启蒙运动以来,执政者已经不信任个人自发性行为的力量。他们只需知道什么是正确或合理的,而这是不成熟的想法。与之相反,处于防守姿态的个体创作者会发生过分的反应,仅仅想成为被认可的、有贡献才能的团体而过分强调特色性和艺术性的解决方法。在意见收集过程中,个人必须付出巨大的努力,仅仅为了加入一个令人信服的团体——即首先进入这个论战的主要载体,而事件本身却退居二线且仍旧没有得到解决。这种情况导致了持续性的文化论战,并且几乎没有给现代文化的出现创造什么条件,而这种文化却是以人及其所需为中心的。同时,这种情况也阻碍了20世纪和21世纪民主型社会的稳步前进,人们把工业化大批量生产手工艺品这一可能放在了次要地位,这清楚地说明奥地利为何从未产生大量价值昂贵的手工艺品文化的原因。[1]然而,今天的奥地利如果想成为国际市场上一个具有独特设计风格的国家,这样的情况是一个必要的先决条件。奥地利所处的位置是矛盾的,在这里,这种文化几乎不允许有个人的空间,尽管以个人为中心的思考能够带动文化发展,例如里格尔的艺术意识形态(艺术创作欲望)、弗洛伊德的

上图:金色法斯尔(Gold Fassl)广告,1995年。

下图:在迪·普雷斯(Die Presse),描述财产真实情况的广告,1996年

创作的矛盾心理

精神分析、瓦格纳的建筑理论、路斯的文化评论以及维也纳行动派。

另一方面,通过进一步审视由维也纳艺术工作室提出的美学意识形态,揭示了与奥地利思维方式相吻合的结果。作为奥地利产品文化中最著名的代表之一,工作室被奥地利官方以一种合理的理由给予认可,进而得到了推广。为了寻求一种适合于20世纪民主社会现代形式的表达方式,维也纳工作室发展了一种将旧有内容搁置一边的"现代"外壳。从严格意义上说,人们从未质疑过内容,人们继续遵从旧有的内容,贵族般具象派风格的要求为上流社会所接受,这种风格为了严格自身的表现形式而要求手工艺品参与进来。与此同时,路斯所表现出的现代化道路虽然没有从根本上解决新形式的问题,但其表达了针对人们需求的一种新的态度。路斯重新定义了需求的认识,并创造了一种新的意识,让人们自发性地导向现代生活,而不再围绕着强制性的美学外壳兜圈子。与维也纳艺术工作室相比,人们认为路斯给了大家一件工具,即一种促进自我决定生活的态度。通过将现代化从形式中解放出来,路斯为民主性和国际现代化创造了必要条件,这使得人们可以自由建立个性特征,而不受限制地发展。现代化的目标是让手工艺品最终消失,这些人工产品最初通过使用而进入到我们的生活,然而却在别的不起眼的地方被保留了下来,但始终居于幕后。奥地利的设计从未达到过这样的阶段,或是因为深植于人们内心的一种需求,即用高超的

上图:皇家艺术及工业博物馆(今天的MAK博物馆)的时尚展厅,维也纳,达戈贝特·佩歇尔设计,1915~1916年。
下图:巴黎国际艺术装饰暨现代工业设计博览会的奥地利展厅,约瑟夫·霍夫曼设计,1925年

美学理论来装饰现实，或是因为在20世纪二三十年代，奥地利有太多的设计师都能面对工业制造的可能性。

　　日常生活的审美保留了奥地利最强大的力量，同时也是一个弱点。在基本审美方式的发展过程中，相对于功能而言，人们把材质问题放在了更突出的位置。在某些情况下，材料的选择应该在功能之后，例如对于奥托·瓦格纳而言，他以一种感官心理学的方式将材料分等级次序来使用，因此材料并没有包含内在的价值。再比如盎格鲁-萨克逊清教徒文化中认为材料本身就有着相应的内涵，这就要求材质的内涵首先要通过美学上的艺术化转变。正是基于这个原因，盎格鲁-萨克逊工艺美术运动这一完美典范虽然在国际上极具影响，在奥地利却并没有得到推广。这场"真实地对待材料"的斗争以及整个相关社会，屈服于奥地利艺术家们对表达方式难以抑制的需求，至今这种艺术上的假设仍然没有落在适合生长的土地上。阿道夫·路斯孤独地抵制这种要求艺术家要超越材质及其过程性的规定，这一情况的特点是奥地利缺少文字方面的公开，以及在设计和建筑理论领域的不善言辞。瓦格纳和路斯在他们性格形成时期都接触过新教徒文化，除他们两人之外，相对于纯设计和格式塔的完形心理，更多的人对具有说服力的文字表述没有产生足够的冲动和需求。奥地利也许早就应该面对现代的设计理论，但这种接纳逐渐变得不明显甚至是模糊了，结果就成了一个阻碍并拒绝发展的产物。尽管如此，现代理论下的巨大成就仍然具有美学上的说服力。这种起源于情绪或感情的态度考虑到了更大的适应性，如果服从于现代的规则，那就将会引领个人的成功。于这种对现代性利弊兼有的方式而言，约瑟夫·弗兰克的设计是一个胜于一切雄辩的例子。他的作品既不是现代派也不是折中主义的，他体现了一种典型的奥地利式的表达方式，这种表达方式在一定程度上归因于现代的时代性信念。他虽然有可能已经与沿袭下来的装饰艺术宣布决裂，但他依旧抵抗不了那种源于材料、多种细部以及精致成品的诱惑。伴随着他针对国际性现代化的抗议——"钢不是材料，而是种世界观"，他公开宣扬个性的坚持。正因如此，对于他至今仍未得到恰当的国际性认可不必惊讶。对奥地利来讲，直到20世纪60年代，他的设计一直扮演着模范性的角色，其间曾被纳粹在奥

创作的矛盾心理

地利的七年统治² 所打断。

　　在后现代世界里，那些在现代主义描叙中带有贬义的手法——也就是一种不确定性的布局，即无法遵循径直的、单一方向性的目标——成为了一种积极的姿态。这是世界的一部分，在这里设计者质疑所有的设想，他们以自己可能想到的方式将极端多样化的各种独特的设计符号组织在一起形成一个整体。设计者将各种设计符号作为同样的元素并列放置，他们肯定这种人类表达力量的财富，只是品位的好坏使这些财富失去了有效性。灵感的来源和标准的制定不再是一种传说中正确形式的保证，取而代之的是多样的情感世界。主观价值或情感被归因为一种功能性的地位。历史不再随之被征服，相反却作为一个素材灵感的集合，成为了一个普通的参照标准。早在20世纪70年代，在圣斯蒂芬大教堂附近画廊的设计上，奥斯瓦尔德·奥伯胡贝尔就面临着维也纳世纪末工艺美术（the Viennese fin-de-siècle arts and crafts）主旨精神的影响。1979年，奥斯瓦尔德·奥伯胡贝尔被任命为维也纳应用艺术大学的新校长，在为档案和藏品建立单独区域的过程中，引发了这样的处理方式，即重新评价奥地利自身历史的联系性，以及伴随着这些联系而产生了大量的再思考。维也纳矛盾的设计方式在这样的条件下积极发展，诞生了像汉斯·霍莱因和赫尔曼·切赫这样多才多艺的人物；在20世纪70年代末，奥地利一度被人们认为是整个设计领域主导性的创作中心，不仅仅因为维也纳在世纪之交所取得的历史性成就，而且是因为奥地利的当代建筑和设计在国际社会中的地位变得越来越重要了。

　　与艺术发展相关的社会状况也会因此发生根本性的提高。在经济低迷的两次战争期间以及接下来的二战期间，奥地利完全被满足人们基本必需品（食物，衣物，庇护所）的需求所占据，即使在20世纪60年代后，仍没有耗尽奥地利在设计上的潜质。对主观性及个体需求的重新评价将人们对民主的理解引导至一个前所未有的新高度，这种情况通过海因布格尔·奥·韦特兰斯（Hainburger Au Wetlands）成功的职业生涯，也可一窥究竟。迄今为止，创作以及文化元素上封闭保守的思想已经迫使大部分产品设计者集中精力于工业设计，通常人们会认为产品设计并非一种基础性的需要，于是便被迫退居幕后。

"瓦尼蒂"(vanity)桌子,汉斯·霍莱因为 MID 公司设计,1981 年

创作的矛盾心理

　　然而，在 20 世纪 80 年代，国外客座教授的聘请以及学生更大范围的流动使得奥地利在教育领域向外面的世界敞开了大门。一批年轻的新生代建筑师和设计师直接接触到多种形式和风格的国际事物。通过全球性作用的不断扩大，设计师们不再仅仅局限于奥地利国内的评价，而是超越了这种评价。奥地利的设计师们具备了基本的灵敏嗅觉，同时准备迎接这一领域的挑战，他们的作品迎合着国际需要并且融入了国际潮流。他们最好的作品擅长将设计功能与感官愉悦紧密地结合在一起，并且在形式上很难分辨出是典型的奥地利风格。出于某些原因，地域性和个性化的设计语言依旧不易察觉，这些原因包括在新自由主义时期，方案和委托任务的样式比以前需求更多，以及相应不愿意批判性地去面对经济和社会政治问题。理论性的论文几乎已经从设计师每天的生活中消失了。然而，如同新历史主义的出现一样，一种从 20 世纪五六十年代所借鉴的怀旧的形式手法再一次有了发言权。同样，对经济和政治所宣称的创造性潜质的极大欣赏，导致了某些人愚蠢地去批判对于艺术有利的倾向。然

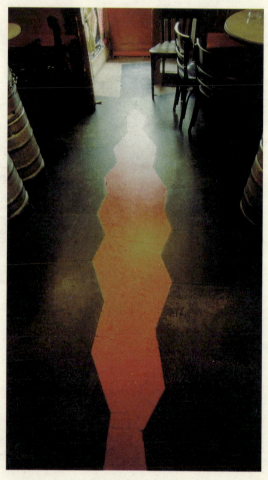

克莱因斯咖啡馆，底层地面铺以古旧庄重的石质板材，赫尔曼·切赫设计，1970 年

而，这种面向未来加以利用的潜质在被人们谈论之前，出于对经济繁荣或文化形象的思考，一个更加开放的氛围必须出现了——这种氛围并不以经济的标准来衡量文化的价值，而是将文化艺术作为人们获得基本生活条件的必要保证。因为看法是不可量化的，它需要一个重要的标准。一种输入—输出的计算术语"创造性产业"恰恰反映了一个准确的对应效果。

1　奥斯瓦尔德·奥伯胡贝尔：加布里埃莱·科勒，极端的幻想——奥地利设计，萨尔茨堡，维也纳，1987年，P8。
2　该书由埃里希·博尔滕施特恩编辑于1934年，Wiener Möbel in Lichtbildern und massstäblichen Rissen，1949年末作修改印制了第三版，该书连载了两次战争期间维也纳所作的贡献。

钟爱的习俗

维也纳咖啡馆就是一个大沙龙

乌特·沃尔特罗

众所周知，咖啡馆文化在奥地利的首都城市维也纳是深受人们喜爱的习俗。要是没有咖啡馆的话，维也纳的很多生活方式会有很大的不同。在咖啡馆里的那些奇妙聚会所发挥的功能就像延伸了城市的生活空间，在这里，人们谈天论地而且进行生意往来；在这里，城市中人与人之间的关系齿轮以不同的运速运转着。同时，这里还始终伴随有咖啡和蛋糕，它们让生活变得更加惬意甜蜜。

不论各个咖啡馆之间设计风格多么不同，不论是平庸俗气还是酷劲十足，好的维也纳咖啡馆都是根据一个固定主题设计完成的，这也是为什么它们能在很大程度上可与被称为美国西大荒时期的西部酒吧文化相提并论的原因。实际上，典型的维也纳咖啡馆文化传统，如我们今天所知，随着沙龙的出现而出现。也许这只是一种巧合，也许不是，不过这两者都有一个共同的基本原则：频繁地交流关于国内外发生的事件，从而形成一个全面的视野。人们一边搅动他们的 Mélanges（热牛奶＋咖啡）和 Einspänner（生奶油＋黑咖啡），一边环视周围进进出出的人，看那些精英分子如何在瞬间即可影响这个城市的生活。每当这种改变发生的时候，那些每天出版的报纸就会拿出一个很大的版面加以报道——这也是咖啡馆文化必不可少的一部分，最终转化为一种非正式的新闻传递。

咖啡馆既不是酒吧、饭馆，也不是蛋糕店。咖啡经营者专注于弘扬传统的咖啡文化，最多还包括奥地利苹果馅卷和邦特（bunt）蛋糕，以及第一流的开口三明治，里面有火腿和细香葱。正午时分，一份典型的维也纳餐点就可以摆在白色的硬桌布上了。

为了满足这样一种文化需求，大而高的空间显得必不可少，同时还要具备明亮的视觉通廊和平静沉稳而又风格统一的家具（即人们所指的那种含蓄的设计），以及符合人体工程学的舒适座椅。咖啡馆还体现出了维也纳人的彬彬有礼：在这里，发生因为自己的迟到而让商业伙伴或者朋友们像在办公室或饭店里那样干等的情况时，人们不会有某种自责感，毕竟，人们聚会于此是"为咖啡而来"。

在维也纳近 650 个咖啡馆中，大约有 100 个可以被称为"正统"的咖啡馆，借此，传统维也纳咖啡馆的不可复制性必须加以记录。实际上，要是没有发生咖啡文化令人尴尬的倒退情况，新开办的咖啡馆几乎不能成为正统。然而不幸的是，近年来许多传统咖啡馆的消失，如科尔马克特（Kohlmarkt）大街上奥斯瓦尔德·黑尔特设计的阿拉伯半岛咖啡馆就被时尚服饰精品屋所取代，或者就像朔滕街（Schottengasse）上的哈格（Haag）咖啡馆一样被那些快餐连锁店所亵渎，再者就是进入了由阿道夫·路斯在卡尔斯广场（Karlsplatz）设计的咖啡博物馆中而成为历史的记忆。

在那些运气好到占据了老咖啡馆场地的新店中，我们仅仅能够定位最突出的几个，也愿意提及少数最新设计的咖啡馆，它们基于现代社会生活，在形式上展示出了严格意义上的同时代设计，而在功能上依然延续着传统。

首先，大多数传统的咖啡馆都无法找到设计师或建筑师的痕迹，通常是咖啡馆的主人按照他们自己的喜好委托手工匠人完成设计的，例如一些著名的咖啡馆，像朗特曼（1873年开业，Dr.-Karl-Lueger-Ring 4号）、迪格拉斯（1923年开业，沃尔蔡勒10号）、艾勒斯（约赛斯塔特尔大街2号）和布罗伊纳霍夫（施塔尔布尔格街2号）。这些咖啡馆的装潢主要都是通过长毛绒和木质嵌板镶边的细大理石桌子，表达出十分柔和的迷人风格，这种风格也刻画出了老维也纳咖啡馆的整体特色。

然而，由优秀的建筑师奥斯瓦尔德·黑尔特重新设计的位于施图本林街（Stubenring）的普鲁克尔咖啡馆（1904年开业）则另当别论。作为20世纪50年代的设计主流，黑尔特为咖啡馆经营

蒂罗莱尔霍夫（Tirolerhof）咖啡馆的一套克莱纳·施瓦策尔（Kleiner Schwarzer）

钟爱的习俗

者指出了咖啡馆规律性衰退的原因,并提出了一定的革新方案,扭转了颓势。极少主义风格的"汽车与普鲁克尔"(car-& Prückel)是少数真正属于20世纪50年代的咖啡馆之一,延续至今日,要感谢它的主人的成功运营——如同从前一样,公司依然属于家族所有——从经过布置的座椅、粉色条纹喷涂的炫目顶棚,到外衣架和墙面的灯光,所有的细节都被保留了下来。

与普鲁克尔咖啡馆保留大量的传统细节相反,从建筑的角度来说,维也纳最著名的咖啡馆是由阿道夫·路斯在1899年设计的咖啡博物馆,这个极少主义风格的建筑在20世纪30年代经过改造后不仅失去了它的老顾客,还失去了近期修复过程中所需要的史料依据。虽然修复只能根据推测尝试恢复它的原貌,奥地利国家历史遗迹办公室还是非常热心地提出援助,但是黄铜和新椅子、杏仁绿壁纸的一起应用,难以构成一个协调的咖啡馆建筑。

尽管20世纪七八十年代发生了可悲的咖啡馆倒闭现象,同时,每次变革都会触及到咖啡馆市场的敏感神经,仍然有少数新的咖啡馆能够在脆弱的市场中找到赖以生存的立足点。赫尔曼·切赫就是新一代咖啡馆建筑师中最杰出的一个,他在维也纳市中心设计的克莱因斯咖啡馆(1974年完成,弗兰齐斯卡纳广场3号),取代了那里经常出现的主题——酒吧、饭店抑或蛋糕店。克莱因斯咖啡馆的设计具有一种永恒性的精美。切赫在它的老式拱顶上赋予了永恒的铜绿色,再加之经过岁月洗礼的琉璃瓦、厚重深沉的地面板材、精心布置过的沙发、曲木加工的咖啡馆座椅,并辅以最佳的柔和灯效、聪明的镜子摆设,这种三十年前的感觉在今天依然时尚。

与许多新咖啡馆同时出现的还有一些重要的权限,比如严格的无烟规定,而这些是完全不适合维也纳咖啡馆的权限的。另外有一些别致的啤酒屋和浓咖吧,还是融入了当地艺术流派的场所。开办于1984年的施泰因咖啡馆(韦林格大街6-8号),是一家比较年轻却配得上高贵名号的咖啡馆,不论经过其建筑师格雷戈尔·艾兴格和克里斯蒂安·克内希特尔多少次扩建和改造,始终延续着它最初的特色。

这个两层高的房子实现了传统咖啡馆建筑风格的当代转化:明亮清澈是设计的主旨,花园座椅传达出一种悠逸轻快的氛围,镜面反射出客人影像的片断,报纸掩饰了过往的人群。非传统建

咖啡博物馆，阿道夫·路斯设计，1899年

钟爱的习俗

筑材料例如声学混凝土嵌板——作为一种室内设计元素，尽管首次出现在施泰因咖啡馆中，但它仍然保持着低调的姿态，服从于整体的风格。

　　同其他建筑案例相比，赫尔曼·切赫的信条"建筑应该使人平静"可能更适用于咖啡馆的建造。在一个正规的维也纳咖啡馆里，Mélanges、Kleiner Schwarzer（浓黑咖啡）和咖啡的所有调料都被放在特定的碟子里，且排列布置明确。同时，玻璃杯被放在一个精确的角度，使之对准咖啡杯的把手和里面的勺子：这就是属于咖啡馆的细节设计。围绕这些细节，维也纳咖啡馆的服务生们本可以向更多的人展示这里的咖啡文化，但他们只向他们的老顾客展示，毕竟那些老顾客才是使这些细节设计得以完整的一部分。

施泰因咖啡馆楼梯内景，克里斯蒂安·克内希特尔设计，维也纳，1984年

浓黑咖啡馆,赫尔曼·切赫,1970年,1973～1974年扩建

寻找心灵的庇护所
征服阿尔卑斯山的运动

沃尔夫冈·保泽

　　20世纪，在关于奥地利产品设计与发展的一系列探索中，征服了阿尔卑斯山的运动产品设计，尤其是滑雪板方面的设计，尤为值得强调。滑雪板设计值得注意的原因有三个：首先，从狭义上说，速降滑雪作为一种运动，其起止时间和20世纪的起止时间相一致。作为滑雪运动最重要的后继项目，冰雕和滑雪板运动体现了一种新的理念：娱乐性体育。其次，在日益专业化进程中，以及与之相比数不胜数的运动项目中（这些运动项目将新型运动器材与阻碍人们行动的高山联系起来），在新兴健身活动的成套设备里，滑雪在塑造阿尔卑斯山的风景，繁荣地区经济，决定社会结构形态方面起着重要的作用。第三，在滑雪领域中，奥地利长期以来一直扮演着一个国际中心的角色：生产滑雪器材并且吸引大量的滑雪游客蜂拥而至。除了运动职能之外，滑雪还帮助奥地利在二战结束后塑造了崭新的形象，国家也在滑雪器材的设计与发展方面投入了相当大的精力。滑雪成为国家性的全民运动，而奥地利也成为了滑雪运动的代表性国家。

　　令人感到十分惊讶的是，每年为期一周的滑雪训练几乎成了奥地利所有普通学校的法定课程，奥地利就是以这样一种方式来对待这种技术性强、费用昂贵的运动的。同样很难想像的是，一种运动，除非是某国特有的项目，人们会认为其有权去重塑如阿尔卑斯山这样一个面积广袤的景观区——无论是从卫星照片中还是从村庄的外观上，人们都可以看到山脉改变后的面貌。森林覆盖着的山脉布满了斑马条纹状的上山缆车和下山滑雪道。阿尔卑斯山的改造，令其在功能和美学上都能够适合滑雪运动，也是滑雪器材设计前要考虑的最基础要素。回顾阿尔卑斯山如何成为滑雪胜地的过程，揭示了山脉在滑雪运动技术性策划中所扮演的角色。最初，人们认为山脉是滑雪者的客观环境，一个天然的对手，自然的一部分，甚至是一个狂野的要用工业技术手段来征服的对手。只有在大部分地理条件较差的地区被成功改造为速降式滑雪场地之后，滑雪坡成为滑雪设施中不可缺少的组成部分这一事实才变得明显。在伴随着完全工业化的基础设施和设备的机械性协作中，大量的机械设备在高度发展的滑雪景观中作为一种要素而存在，这些机械设备导致了机械性协作大规模运动设施即滑雪集合广场的出现。

　　接下来，我们将绕过这个运动设备集中的广场去说明阿尔卑斯山其他运动项目和设施的

20世纪50～60年代奥地利阿尔卑斯山的滑雪场

寻找心灵的庇护所

发展逻辑。这些运动紧跟滑雪这个先锋者，并且最终在跟随的过程中落后于这个修辞上的开拓者。在这个滑雪国度还处于木板和海豹皮的时代，孤独者、意志薄弱者、浪漫的流浪者面对这个令人惊叹的自然巨人，就不再保持一直以来的惊慌，而是投入研究并设法征服。今天，阿尔卑斯山对那些需要高科技技术装备的极限运动来说，是一处完全待开发利用的运动娱乐场地，它引起了滑翔伞运动员、皮划艇运动员、自由攀岩者和滑道运动员极大的兴趣。室内体育馆里的攀岩墙壁和城市中的休闲登山车，既证明了在具体运动设施和环境之间有着新的联系，也证明了转移登山运动客观条件限制不仅来自于山脉本身，而最主要的是来自于传统的自然观。

由于运动基础设施的改变和掩藏，阿尔卑斯山进入了由人工模拟自然的时代（如室内的滑雪坡道），并且，山脉本身也变成了整体计划中的运动场地、运动设施和综合体育场。在一定程度上，阿尔卑斯山能适应人们的运动要求要归功于山脉本身的地壳结构。阿尔卑斯山和各种运动设施拥有一个共同的结构特征：它们都是严格意义上的无责任载体，这对于那些要求合适体格的健身活动来说是种必然的抵制。简而言之，在成为造雪机（造雪机被夸张地称为"大炮"）的造雪场地前，作为一个"滑雪坡道"的混杂体，阿尔卑斯山已经和综合运动场有着密切的关系：能看到美丽风景的全景升降机，以及解构主义的饭店建筑，例如因斯布鲁克的最新地标——由扎哈·哈迪德设计的著名的高坡滑雪跳塔。

上面所讲的这些变化产生得非常迅速，每种技术

詹姆斯·斯科恩在攀登他研发的工业化制造的攀岩墙壁

性创新都能很快兴起,并建立其自身形式。有关阿尔卑斯山的运动设计领域是永无止境的:technoid 缆车,野兽般的处理器,看起来如同汽车尾部挡泥板的滑雪制动器,喷气推动的雪鞋固定装置。为每一项单独的成就命名,就足以写成一本书。下列所述仅仅是一部分以及它们的变化。

  运动设备很少被视为设计师的设计项目。即使一件设计的确成为了流行产品,它在设计潮流的背景下也不会得到赞誉。相反地,人们把运动设施的设计理念放在了对实用功能的承诺上,这种承诺经常超越了任何其他的潜在功能,这是一种特殊的狂热。奥地利的国家级奖励有可能会授予越野滑雪固定装置或者雪地护目镜以艺术品的荣誉,但设计者只能站在荣誉的背后,在这个为顾客与运动爱好者准备的阿尔卑斯山舞台背后实现自我。同样,强调设计的功能性并不是指严格地遵从功能主义,相反,随着功能主义基础的没落,不得不比以前更加强烈地进行宣传。工业化使得冒牌货很快代替了真正的新型设计。明确经过设计的滑雪板出现在 20 世纪 80 年代末,这一出现在人们的回忆中被视为非主要现象,甚至认为这是衰败的信号,是预示着科技化进程开始的范例。然而滑雪集合广场本身就包含着一个设计亮点,通过几乎年年变化的风格,迫使所有人都设想相同的位置,不同速降滑雪风格的运动员们融入了整个山脉,融入了身体构成的大型芭蕾舞剧中。

  1960～1990 年,即奥地利滑雪工业的主要时代,对于设计师来讲既有挑战又有机会,那时设计师的名字由商标所代替,同时设计风格模仿各种工业技术,这使得训练用的滑雪坡道有机会成为那些色彩绚烂、造型奇特的设计的展览舞台。鉴于传统的观点,在 20 世纪,人们将技术学的目的理解为把人们的身体从艰苦的征服自然的过程中解脱出来,而这种解脱会给身体带来不良的影响,运

滑雪护目镜模型 100,泽格 · 基希霍费设计,1965 年

寻找心灵的庇护所

动被用来减轻这一后果。为了使身体在非压力下适度疲劳,这些技术设备由此产生了技术性补偿的方式。在这里显而易见的是,对于促进人们做无必要自我努力的行为,山脉表现出了非凡的适宜性。毕竟,人们在高山地区比在其他任何地方更缺乏行动能力:山顶就是阻碍人们进行大规模运动的巨大绊脚石,没有什么地方比山顶更不适合人们运动了,当然,除非有人渴望遭受雨雪的侵袭以及面临升降机上冰冷刺骨的恶劣环境,并让上了石膏的腿再次受伤。所以,这是对工业文明和社会文明的技术性和社会性补偿。滑雪道上的彩色广告牌就是这样,具备空气动力学原理的护目镜,涡轮式雪鞋固定装置,碳纤维滑雪杖,以及雷恩马施伊内(Rennmaschine,高级滑雪设备品牌费舍尔·斯基的一种"比赛设备"名字),以一种非常合理的方式以自身为主体作着广告。运动的乐趣来自于运动中产生的苦恼和付出的努力,在滑雪设备的承诺中,这种运动的乐趣被诠释为一种享受。只有这样的方式才会对工业产品这一整体产生积极影响,艰苦地生产运动产品意味着闲适的生活,这种生活方式大量存在于山谷中或是家庭中。

高山运动设备的设计特点以及高山速降运动在战后的奥地利以国家运动的身份扮演着重塑国家形象的角色,可以理解成人们把山脉作为一种背景,作为最后的行动屏障,作为人类在控制自然过程中的恒久的障碍。

纵观今天娱乐运动的前景,20世纪60年代奥地利知名的滑雪学校似乎令人着迷并且具有权威性,同时也很容易唤起人们回忆中的惊喜与快乐。1945年奥地利战败后,所有的个人军事训练都需要新的阅兵场,在这里他们能让节奏感一般的士兵们排成秩序良好的队

表现奥地利现代化的滑雪肖像,引自一幅广告海报,发生在塞费尔德,蒂罗尔,1970年

31

用 SUFAG 造雪机整饰机械，阿尔卑斯山的齐勒尔塔勒（Zillertaler）区，2004～2005 年

寻找心灵的庇护所

形,这种队形类似于战斗机的机翼。他们也会一直被山上的居民所斥责,滑雪教练身着红白相间的制服,配以民族性的外套。滑雪教练说话的口气,在那时被认为很有魅力,而今天听起来则有挑衅的味道。从权威和规章要求的角度来看,人们所认为的什么是正规的标准已发生了变化。陈旧的老习俗——在一支队伍走过深深的雪地后,安排人到山坡向后看,并检查走过的路线,由此检查队伍排列是否平行——这些规定作为一种雪地活动和社交策划的形势已经成为了过去。

从躯干转体式滑雪到平行式摆动滑雪,再到双板平行摆动转弯,这些发展系统化的产生,一步接一步。一个正常的社会生活计划——年轻时学习,努力工作,慢慢地转变人生的等级——在雪地运动中被象征性的复制。娱乐性运动明确排斥这种一大群人的活动,并且象征性地以单独消费和个人娱乐的方式来代替集体行为。

在二战战败后,奥地利的产品设计依旧以自然清楚的方式与英雄般的山脉美学联系起来,这种美学在20世纪30年代路易斯·特伦特的电影中被广泛地描述。乡村化和美国化的形式混杂于风格和设计中,边远地区的滑雪者穿着逐渐变窄的滑雪裤以及皮革制成的鞋,并且因运动拥有古铜色的肌肤。在20世纪60年代,经济的繁荣促使高山滑雪发展成为大规模的旅游业,运动设施成为一种媒体,代表了从滑雪升降机到滑雪领域自然景观式的技术性发展。为说明人类控制自然取得了根本性的胜利,一些最好的滑雪道被冠以荣誉头衔:高速公路。

大力滑雪留下的痕迹

33

人们依旧不清楚对生态环境的担忧以及对自然的热爱。最初由油漆过的滑雪板来代替木制滑雪板，接下来是金属材料，最后是碳钢，这些从滑雪坡上下来的滑雪板代表了未来的方向：更加专业化，更加人工化。滑雪板的颜色也不断地丰富，它们的组合变得更加大胆，模式多样化，排列更加多变，对比更加丰富，图案更加清晰，商标变得更大，最终覆盖了整个表面，延伸至滑雪板背面。滑雪板因此从自然界的征服者最终变为了商标竞争中的载体。

　　滑雪这项征服领域的运动最初被认为是一项表面上针对战争的计划，它能在 1945 年奥地利内部和平之后得以继续，这要感谢阿尔卑斯山。无论地形上提供了多少数量充足的滑雪坡，对于那些从事各种类型和不同技术运动的征服者来说，依旧存在着大量未被征服的领域。在那些难以涉足的自由空间，深度内化的、过时的惯例以及来自上半个世纪的文化习俗，在这里都会得到最充分的无恶意的体验。山脉作为这个国家精神中最坚固、依旧未被征服的象征，有着足够的抵抗潜力，也有能力抓住并且吸引任何东西，包括运动设施、队形、标准的坡道、在持续整天的暴风雪中献祭般坚定不移的信念、山顶上的各种风雪以及受过训练的群体运动。战后奥地利在旅游业、滑雪产品制造业和滑雪比赛的成功给人们这样一种感觉：奥地利至少在某些事情上获得了成绩，相对于其他国家体育运动的排名，还算不错，甚至超过了一些主要国家。马歇尔计划中的钱如他们所预计的，用以建造减少上坡困难的雪地升降机。人们对高度的向往以及飞翔的渴望，在 20 世纪 70 年代已经由全玻璃缆车实现，这使得个人可以在高空中鸟瞰自己的国家，超过一切的提升，一个令人惊叹的位置是工业技术的成功，不光如此，还有深深叹息：滑得好快！我们已经再一次用事实证明，我们存在。

第三届 F.I.S 国际滑雪周海报，阿尔方斯·瓦尔德（Alfons Walde）设计，1953 年

介于工具和感动之间
最佳点

加布里埃莱·科勒

当迈克尔·索涅特在 1859 年揭开他所设计的椅子施图尔 14 号的神秘面纱之时,就已经宣告如果这种椅子的系列设计能够延续至今的话,他将获得关于创新方面所有的奖项:从红点设计奖到奥地利国家创新奖,从阿道夫·路斯设计奖到 iF 奖。这个产品,作为变革的象征和极少主义物体的原型,是第一个工业加工的家具产品。也是目前最成功的工业产品之一,已生产上百万件了。同时,今天许多关于"创新"的相关标准在这个椅子上也得到了展示。索涅特椅子不仅是图解奥匈帝国工业化历史的一个例子,还揭示了企业发展的成功主要取决于对发明和创新的极度渴望。

拉丁文 novare 的意思是更新和改变。就发明的含义"构思新想法和新关系的创造力……产品的想像力"而言,创新描述的是"更新的活动或建议;引入一些新鲜事物,从而作为发展过程中的驱动力(Merriam Webster)"。或者是指"创造的活动或一个建议;引入一些新鲜事物……,即那些脱离旧有教条或实践的事物……或不同于现存形式的事物"(Merriam Webster)。"在一定的功能性范围内,或是业已存在的功能关系框架中的行为方式内,有计划有目标地更新或重新设计,……目标是最优化处理当前的使用状况或更好地与最新的功能需求相适应"(Brockhaus,作者自译)。创新是一个神奇的词儿,似乎能够承诺商业的成功,在产品广告上夸张的渲染它也是可以理解的。没有诸如从"为有效管理准备整套创新方案"(Skidata)到"既有活力又有创意的保证……成功"(Powercrusher),以及"创新已经牢牢地扎根在弗罗纽斯的企业哲学之中"(Fronius)这样的意识,则很难干出一番成绩。

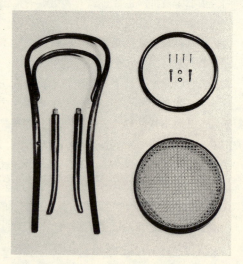

施图尔 14 号椅子分解图,索涅特,1859 年

35

创新有助于打开新的市场，获得中上价位（抢在其他仿造品或竞争产品上市之前），更好地满足所需，以及提升产品的竞争力。创新产品包含的一系列特征使之趋于完美，这些特征是在开发过程中偶然发现的，有时也是当今潮流趋势促使成形的，例如，高科技材料的使用及其生态学可行性的贯彻。在这儿，我们引用生物合成技术包装来自农业废弃品的生产材料（格拉茨产品包装研究中心，住宅设计）或者一个移动的漩涡远程遥控组件（阿巴特克电子公司制造的i-pool，基斯卡设计）。

这样的市场特色是复杂且互相关联的，尤其体现在材料的相关性上。最新开发或发现的（有机）材料，合成材料在技术上的可能性，以及新环境下的材料使用，这些通常都标志着新型产品的开始。按照这种方式，橡胶产业开发了一系列从前19世纪没听说过的产品，例如空气垫和橡皮艇，另外还有为其他科技产品服务的一些辅助产品，例如飞船的外壳和铁路客车的缓冲器。在奥地利，这种工厂是由约翰·内波穆克·赖特霍费尔创立的，他曾在1824年研发了制造防水服的方法。1945年之后，轻质、完全可模压、防水、耐久的人工合成材料永久地改变了消费者、工业产品的生产，建筑以及时尚界。鲁迪·格恩赖希（最有创意的时尚设计师之一）在20世纪50年代第一个将尼龙和合成材料融入他的服装设计中。1975年，由阿尔诺·格伦贝格尔设计的"轻质学生小背包（600克）"获得了此类创新设计的第一项专利，其背带材料是ABS塑料并嵌以贝纶，现在已经被模仿了上千次。如今看来，这项专利毫无疑问属于经典的发明创造。半透明的丙烯酸玻璃制品改变了车辆设计和建筑（拖拉机顶或建筑上的轻质穹顶），同时也改变了克奈斯尔——这家统治着金属滑雪板市场的公司，设计出了世界上第一个用玻璃纤维碾压的滑雪板——白色之星，并且

空气垫，游泳圈，充气浴盆，1875年

介于工具和感动之间

随着奥地利滑雪偶像卡尔·施兰茨的使用而达到了神话般的销售数字。

今天,"软质材料"占据主流。这些合成物(自然材料与人造材料合成)由日益增多的更轻质更耐久的材料组成——通常也是航空和医疗等其他领域探索和开发过程中的副产品和材料。举例而言,吹气碳电钛金属混合物是一种能抵抗极限压力而且非常轻质的合成材料,可将之用于生产目前市场上最轻质的网球拍——GDS 起飞(GDS take off),大约重 198 克(费舍尔牌,福尔姆夸德拉特设计)。同一时期另一项创新是世界上最轻的太阳眼镜,由福尔姆夸德拉特为诗乐——纯钛眼镜设计完成,该产品运用了钛合金、无边钢框、没有铰链或螺栓固定塑胶镜片。

自 20 世纪初以来,产品创新的核心概念就是运用科技知识完成日常用品的设计。例如,维也纳飞行科技学校的空气动力学研究以及维也纳科技大学的风力隧道研究,明显地影响了由保罗·雅赖和埃德蒙·伦普勒设计的第一代流线型汽车以及费迪南德·保时捷和汉斯·莱德温卡研发的产品。汉斯·莱德温卡在 20 世纪 30 年代的那些奇思妙想在今天的汽车制造中起到了至关重要的作用:即汽车小型化概念(太脱拉 11 的雏形模式早在 1923 年就已经诞生了)和全地形(all-terrain)概念。随着今天汽油价格的日益增长,小型汽车的适应性概念在汽车制造业中已经开始变成一个核心发展的策略,与此同时,另一方面是越野汽车,运动型都市人喜爱的小汽车,介于生活型必需品和政治型公关需要之间的选择。

奥地利建筑师和设计师为奔驰、大众、奥迪和保时捷汽车的发展作出过基础性的贡献。对于由费迪南德·保时捷和埃尔温·科门达设计的大众汽车而言,其他车辆从来没有如此大规模地生产,在造型上也从未保持如此长久的个性特色。保时捷 1 号的 356 型,由科门达、卡尔·拉贝和费里·保时捷设计完成,是豪华敞篷车的第一代样品,它甚至一度超越了法拉利的巅峰神话,这要归功于像詹姆斯·迪恩等车手的努力。费迪南德·亚历山大·保时捷,后来在策尔湖畔(Zell am See)成立了自己的公司——"保时捷设计",从 1960 年开始在斯图加特主持生产。在完成的作品中,有 911 和 904 型卡雷拉 GTS 双座轿车,也是 60 年代最成功的运动跑车之一。卡尔·维尔费特在大众-奔驰创建了造型部,并主创完成了传奇的300SL,即拥有垂直开启车门的"鸥之翅"车型。他和贝拉·巴雷尼——在他2500项专利中最重要的一项可能也是导致垮台的地方——于1951年合作完成了世界上第一个安全壳,也为大众的安全汽车形象打下了一个基础。埃尔温·莱奥·希默尔于20世纪80年代后期在德国的汽车制造业继续着奥地利设计师的优良传统,他曾负责奥迪整整一代车型的造型设计。90年代后期,他为奥迪座椅设计了伊比沙和里昂造型,并绘制了座椅的标识。

  对于与人的身体密切相关的工具和设备来说,仿生模型和医学知识通常是设计的主要源头。自从20世纪70年代I. D. Pool为MAM婴儿用品有限责任公司研制了婴儿用的橡皮奶嘴和奶瓶以来,他们这个产品已经卖了上百万套。这套产品有助于下颚的最佳发育、口腔和面部肌肉的良好平衡、合适的舌位放置,并且不妨碍鼻子呼吸。人体工程学对于节省手臂力量的研究可以通过GDS take off网球拍上新颖的把手减震设计得以体现。这里,一种特别稳定的结构唤醒了符号性的想像,例如动力和动力学,是在维持最少材料数量的同时,通过有意识地运用仿生学模型而实现的。建立在对人类运动分析和科技方案执行之上的奥尔特奥比奥尼克(Orthobionic[R])原理,促使了奥托·博克健康关怀中心关于活动手臂的研发。这种肌电手臂修复术是第一次通过无齿电动装置带动和微处理器控制的电子肘,从而保证极限接近自然手臂的运动状态。垂直试验性生产(Vertical pre-production)也因这个产品而在2005年获得红点设计奖。智能产品和高科技产品说明了什么才是电子学和微电子学的最新成果,这些产品的特征包括简易性、更方便

未来的大众汽车,贝拉·巴雷尼设计,1925年

介于工具和感动之间

的操作、改进型操控、触摸屏、语音识别、个性化的模数概念、使用者的个人喜好、专有式样、不断由微处理器激活的驱动器等等。

飞利浦奥地利公司生产了世界上第一个通过语音命令功能输入的专业数字记录设备 (DPM 9450 VC，迈克尔·沙费尔设计)。口述内容可以通过语音的掌控直接分送到客户群中去。斯基达塔公司是奥地利最具有创新精神并且在国际上十分活跃的高科技公司之一，为滑雪升降机服务的票系统操控依靠遥控数据信号 (安装在手表里或手套上) 即可实现。停车场的柱网和入口总站可以读取所有的只读科技产品 (芯片、磁条、条形码、遥控键卡)，这些清晰的功能设计 (海因里希·克鲁格，格拉尔德·基斯卡) 使它们更容易被理解。拉奇巴赫尔为移动数据采集生产了智能工具，主要用于木工厂。蒂姆巴特克 (Timba Tec) 的产品完全防水 (由潜水材料制造) 且防震 (环绕房屋)，在最极端的温度下仍然可行，整体的加热显示器 (用于航空中的加热科技) 上配置旋转屏幕，可以水平和垂直使用，还有模数软件，可增加应用软件如 GSM 或条形码扫描仪。弗雷昆蒂斯 (Frequentis) 通信技术在保障机场安全的语音通信系统领域的优秀表现为它们赢得了国际市场的领跑者地位。弗雷昆蒂斯开发的产品之一，电子飞机的接口进入条 (*TAP tools^R smart Strips*，托马斯·弗伦茨尔和雷吉娜·海德福格尔设计，弗雷昆蒂斯使用者接口中心)。飞机的接口进入条 (Strip) 以前是由纸做成的，内有关于空中交通控制器的重要数据。现在，这些信息通过可记录的"触摸覆盖图"呈现在 TFT 显示器或雷达电子屏上，其他数据源的信息可以混入，改变后可以立刻传递到其他系统。

以上提到的单项功绩很少能够合适地处理好各种具体情况中的复杂性，定向研究和实验性协作将会越来越成为产品创新的基础和进一步发展的要素。

AKG 音响是世界著名的麦克风和耳机系统制造商，含有最新型、最尖端的传感器科技。公司能够达到它的事业顶峰归因于它满足了一系列的需求，包括最好的质量、绝对精密的加工、应用性、终端产品、小型化改进、社会文化潮流的敏感度，更主要的是对于创新充满激情和渴望，这些品质使得他们拥有超过 1500 项专利。K1000 (1989) 是一款遍布全球的独特扬声器系统：

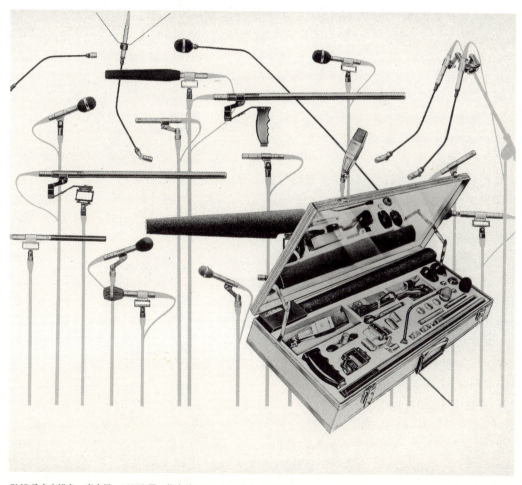

CMS 录音室设备,麦克风,工厂配置,维也纳 AKG 公司制造,1970 年

介于工具和感动之间

戴在头上的时候扬声器在耳朵前面。AKG是惟一能够提供一英寸横隔膜传感器的制造商，大薄膜麦克风C3000B的特殊横隔膜不但非常接近于顶级音效工作室的震撼效果，而且其制作价格还非常低廉。CK77，1995年由诺贝特·索博尔研发完成，是世界上最小的双横隔膜传感器系统，即使是在极其微小的尺寸内，它的微型外壳仍然可以保证较高的记录质量。另外，新的功能需求人群——例如身处噪声之中的旅游者，或在运动中想听音乐的运动员——需要一种迷你型、可折叠且能完全阻挡周围噪声干扰的耳机。Merlin 232，是世界上首个便携式无线耳机系统，具备高保真度音效并可随意调节设计。

AKG在他们的产品设计中，充分考虑到人体工程学、触觉、产品重量和必要的外观造型，并且雇用专业的工业设计师（包括恩斯特·格拉夫、马蒂亚斯·佩施克、詹姆斯·斯科恩、迈克尔·沙费尔、格拉尔德·基斯卡）。正如AKG总是扮演一个重要的宣传媒介和关键角色一样：AKG产品是欧洲优质设计的综合体，完美的做工浸入了他们对于什么是真实品质的真切理解。

同样，在主要商品产业中，借助于中间阶段的筹备工作和不同奖项的设置，设计也日益成为一个持久的主题。除了用于研发上的投资，世界范围内的销售以及最尖端科技的掌握，许多公司还意识到"优化设计"会帮助它们在全球市场上树立品牌地位，这是销售业绩提升的一个重要因素。根据布罗克豪斯公司的说法，设计过程中每一项的重要性是要分级的，首先最重要的是研究和开发，然后是专利、执照、生产和销售准备，这些都是保证产品能够成功下线的流程任务。设计策略还越来越明显地包括团队设计和团队体系建设，它们都要适用于设计总部、惯例标准、产品设计、广告宣传和图像种类。

开拓功能品质和领跑市场对于主要的市场投资者来说不再有太大的困难，比如投资在移动轧碎筛选种植技术（动力轧碎机，雷纳·阿茨林格设计，获得2003年的红点设计奖），焊接设备（弗罗纽斯公司产品，克里斯蒂安·芬茨尔设计），杂交培植站（奥地利特坎公司产品，福尔姆夸德拉特设计）等处的成功。这些设计的卖点可以看作是"新的机械美"，并开始成为广告宣传中

格哈德·霍伊弗莱尔与席贝尔电子仪器研发的凸轮直升机 S-100，2005 年

介于工具和感动之间

主要的宣传策略。

　　在工业产品、大众用品和奢华的手工制品之间充满争议的领域中，奥地利设计彰显出它的价值。从蓓森多芙豪华钢琴和里德尔玻璃制品到作为工业产品顶尖成就的高科技机场消防车和电缆车技术，国内外的注意力仍然聚焦在奥地利手工制造的奢华商品设计上。凭借出口贸易值的巨大提升，个别领域的全球性扩充和市场领跑，以及高质量的标准和独创性，奥地利的产品成功地在国际市场上占据一席之地——这种成功要超出奥地利国民对这些情况的认知度。

　　当然，日常用品也有助于形成奥地利产品的特色，例如体育商品和生活用品比其他的一些产品（像交通工程和军事科技产品）容易受到更多的关注度。在奥地利，有些事情并不为人所熟知，比如普拉塞－陶依尔公司是世界上首例用液压捣固机保养铁路轨道的公司，三分之二的美国警察武装设备采用的是奥地利的格洛克（Glock）手枪，其特别之处在于简易的构件和合成的枪壳。西贝公司在矿井勘察设备和无人飞行工具方面的产品也居世界领先水平。另外，很少有人知道，在好莱坞，最朴素又最经常被使用的电影摄像机是来自奥地利的品牌莫维坎（Movicam）。与之相反，滑雪橇和莫扎特舞会看起来似乎更容易让人联想到真正的奥地利。在一般不会引起这种联想的主要商品方面，经过透彻的调查研究和多年"优化设计"指导下的强势市场，其创新力已受到国际上的尊重。

　　有时，日常用品的成功不仅仅依赖它们的创新特色，更主要归功于与众不同的广告和市场宣传策略。要说明这一点，来看看斯拉瓦·杜尔迪格的袖珍折叠伞"弗利特"（Flirt）和生活饮料"红牛"的例子。早在1929年，杜尔迪格就已经因为小型折叠伞而获得世界范围内的专利，也曾经生产了很多年，然而几乎是同时，来自德国的竞争者"小红点"雨伞（Knirps）出现了，尽管它的专利获取晚了五年，但却取得了更大意义上的市场成功，小红点生产了上亿把伞，逐渐变成了袖珍折叠伞的同义词。与弗利特袖珍折叠伞的情况正相反，功能性饮料"红牛"，最初并不是奥地利的发明创造，而是基于泰国饮料的改良，然而红牛非凡的广告宣传和老练的市场营销策略使它在最近几年中变为最知名的奥地利品牌之一。70%的市场份额，超过十亿罐的年销售量，使得红牛几乎就是"能量饮品"的同义词。

　　风格独特的物品与可以多次生产的不知名产品是设计前后变化的两极。"颇受欢迎的结果"延续了奥地利设计的希望。

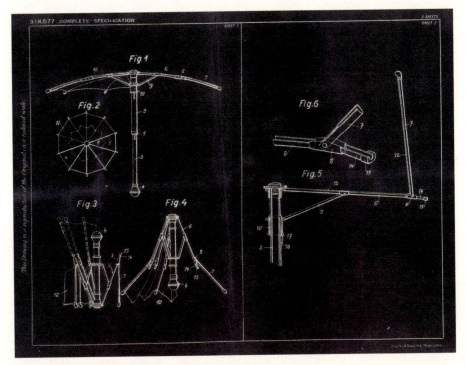

袖珍折叠伞弗利特（Flirt）的专利图样，斯拉瓦·杜尔迪格设计，1929年

储备未来
奥地利设计迷人的从容

莉莉·霍莱茵

在国外,当人们打算保留些死后将会腐烂的东西时,通常会采用深度冷冻、木乃伊以及其他一些保存方法。然而在奥地利,不需要经过任何特别的努力,大量积年累月的东西都没有毁坏。

这与变形的趋势、传统、不愿意与亲人分离(除非永不磨灭否则是不能接受的思维方式)、特殊有时甚至是迷人的柔情、固执和从容有关。这种奥地利式的态度使产品和技术方面令人印象深刻的文化——几乎被遗忘或完全不同于其他西方消费社会的文化得以保留。

不过在奥地利,除了一次性产品和奥地利工艺以外,现代的设计概念从来没能真正在老百姓心中生根发芽。这种情况使得重返设计和手工艺联盟的请求变得更加困难。

将来,设计私人化和有限实用性的奢华品的趋势将会是决定性的,这种混合了老套和新颖的特性意味着它包含了奥地利产品文化的过去和未来。无论如何,知识的储备都是重要的,为未来而保存的文化积淀是奥地利设计的关键元素。

在维也纳圣斯蒂芬大教堂的周边,直到最近都仍然能发现传统被保存下来的痕迹:铁件铸造厂,定做羽毛被褥(可能是维也纳-施吕普费尔的被面,正方形的图案构成)的店面,克诺普夫柯尼希("纽扣大王"),几个拨弦乐器制作匠,一家装饰性修剪店,一家专做礼罩(包括牧师的弥撒祭服)以及几家制作鞋、女帽、手套的老字号店铺,就像这一地区的老住户一样,这些店铺和传统手艺一代代地传承下去,永恒的铜绿逐渐蔓延,其

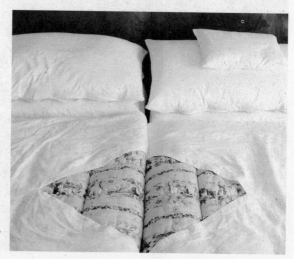

看看让人想睡觉的理由:羽毛被褥"维也纳-施吕普费尔"(Wiener Schlüpfer)是通常只在少数人家才有的传统被褥,如果配上小小的奇妙枕头,那就是熟知的 capricerl

中家具虽然改变了,但每月都会固定被出租出去,大量的店铺和手工作坊得以坚守在主要城市的中心地段。不过今天,在统一的、国际化的、大众生产的商品不但从质量上而且从数量上都能让一代消费群体满足之前,集中在最惹人注目的特色行业之上的小店铺,其多样性似乎尚能维持几年。

睡觉的另一种选择:康斯坦斯(Constanze)沙发床,约翰内斯·施帕尔特设计,维特曼家具制造公司产品,1961年

储备未来

未来的几代人将被更多地强迫去依赖那些从事盈利性工作时所购买的东西，目的就是防止自己在接下来数十年购买力的明显减弱。奥地利传统的这些方面——保护性的疲软、补救性文化、产品品种的保存——也因此会从价值上获得盈利。

家具制造商维特曼的例子表明，个性化的品质以及特别小心谨慎的生产日益变得重要起来。买方在家具的成品阶段才会出现，他们的期盼心理推动着下一个家具可能才是最适合的，这种情况正如维特曼产品在过去几十年中一样，经历着不断的翻新。也许由约翰内斯·施帕尔特设计的康斯坦斯（三座的皮革椅）上被翻新的椅面在四十年后才会被承认，但是一代又一代的制造商仍然认可他们的产品。与此同时，这家企业就像其他企业一样，因为积极与年轻设计师合作，其产品对现代风格的诠释十分到位，从而声名远播。

有一系列受人尊敬的公司一直和他们那个时代的艺术家们保持合作关系。作为早期皇帝及皇室君主国的宫廷装饰承办者，有些公司甚至已经这样做了几个世纪。档案记载中可以看到维也纳艺术工作室、约瑟夫·霍夫曼、达戈贝特·佩歇尔、阿道夫·路斯，以及后来的约瑟夫·弗兰克、奥斯瓦尔德·黑尔特、恩斯特·A·普利施克、约翰内斯·施帕尔特和安娜-吕尔雅·普劳恩。索涅特与赫尔曼·切赫正是这种传统的延续。

纺织品公司布罗克豪斯与彼得·科格勒、吉

梦想的诞生，格奥尔格·巴尔德埃勒（Georg Baldele）设计的灯具——甜蜜星，用纸板制作，时而发光、闪烁，简单的只有一个功能：诗意化的灯具。米兰，2004 年

尔贝特·布雷特尔鲍尔这样的一些艺术家以及像"移动的椅子"等设计公司合作。奥加滕·波尔策尔兰公司反复和戈特弗里德·帕拉廷合作，洛布迈尔公司则与年轻一代中最为知名的一些人合作开发设计作品，其中包括塞巴斯蒂安·门施霍恩、波尔卡和露西·D。

几个主要市场巨头坚持设计品质的可继承性，至少在一定范围内，他们仍然是家族企业，像卒托贝尔集团和班尼家具事务所，设计的决策来自与众不同的思维方式和信念。这种思维方式不仅要求加工出具有良好供求关系的特色产品，还要求重视潜在的幻想力和文化领域的开发。同时，具备这样思维方式的往往是那些有家族制背景的公司企业，而不是那些缺乏家族性和企业文化纯粹以利润为导向的商业机构。

特别令人激动的是，那些年轻的企业虽然没有坚实响亮的背景，却有着无比的雄心：他们通过高质量的设计和生产来寻求自己的生存环境。在家具方面，由格拉尔德·武尔茨创办的胡斯尔公司就是一个主要的例子，还有太阳广场——与公司同名的遮阳篷，也是最佳遮阳设施之一。

像卡尔·奥伯克和卡尔·哈格瑙尔这样的艺术家工作室，过去是，现在仍然是由后继者传承着，后继者也是当时所在年代最合适的人选。这样的例子还有主要制造维也纳式帽子的赖因哈德·普兰克，以及格奥尔格·巴尔德勒和马丁诺·加恩佩尔，他俩的工作室在伦敦，

巧妙的椅子样品：蒂罗尔制造商胡斯尔最初并没有自己的家具品牌，但是近几年不但开始加工品牌家具，而且其产品日趋年轻化。ST3椅子，胡斯尔与ARGE 2合作设计，1999年

储备未来

与著名的公司如施华洛世奇和罗森塔尔保持合作关系。再提供几个成功地贯彻自己设计方案的奥地利案例:费德里科·贝尔策维齐-帕拉维齐尼,德梅尔的总设计师,不但熟悉维也纳的烹饪文化,而且为室内陈设品和德梅尔产品包装的传奇图案做设计。[德梅尔延续着聘任有创造力的执行总裁的传统,其中之一的乌多·普罗克施(别号泽格·基希霍费),作为眼镜设计师,他是十分成功的。直到他的创造力释放了罪犯的能量,随着轮船卢克纳号的沉海,普罗克施也被送进了监狱。]

在奥地利,整个一个州都堪为典范的按照传统生活方式运行并不断发展木工业和纺织业传统的是福拉尔贝格州。目前,该州的布雷根茨森林区也特别集中力量保留这些潜在的传统。高度重视采用木结构作为建筑材料,并以国际化的现代方式建造,这个建造过程有助于拯救某些正在衰亡的工艺——包括家具制作工艺(例如施米丁格莫杜尔公司),建造工艺和相关建筑业

左图:手工技术:赖因哈德·普兰克的维也纳工作室设计和加工完成。
右图:按照服装制造模式加工的 classic 系列帽子

技能。目前仍然可能找到年轻的石匠和能铺设木瓦顶这种特殊屋顶的瓦匠,以及关于这方面的投资商。这些建筑显然是现代的、未来派的。福拉尔贝格州的伦德勒(Ländle),已经找到将它的品质、设计和技术潜力带入走向成功同盟中的途径,也许整个国家按照那种途径去做也会取得成功的。

容器:布雷根茨森林区的作品范畴包括施米丁格莫杜尔(Schmidingermodul)公司与伊姆加德·弗兰克一起合作设计的圆筒式储存家具,也可以作为圆凳子使用,同时,如同人们期盼的来自福拉尔贝格州的木工业传统一样,该产品依然保有完美的木工艺技术

1/8升的感觉更好

设计和流行文化

多丽丝·克内希特

在瑞士，连一个1/8升的玻璃杯子都没有，这样的生活质量不会太好。没有1/8升杯子意味着没有八分之一文化，瑞士不得不在分升方面度量他们的酒，而原来的定制，坦率地说，并没有精确的创造。那么很抱歉，听听这个说法如何——"请来十分之一升艾高（Aigle）"，这么说感觉就像进入银行要求打开满是数字的账目一样可爱。瑞士这个国家有过分追求小型化的心理趋势——例如他们称呼自己国家的总统为施塔皮（Stapi），管国家足球队叫纳蒂（Nati），于是，上面的那个说法稍做修改就是："请来十分之一升怀特（white）"。另外，单从语言艺术的角度来看，小容量啤酒"施坦格"（Stange）[1]听起来很饶舌。但是在奥地利，喝酒的感觉却很好，毕竟"请来八分之一升的绿维特利纳（Grüner Veltliner）葡萄酒，谢谢"听起来很不错，尤其当你点的不是用1/8升杯子装的那种绿维特利纳酒。今天，除了葡萄酒取样，1/8升的小玻璃杯最适合用于一种混合饮料（伴有蒸馏牛奶咖啡）。

小玻璃杯的美在于它的简洁，并且说明一个好的设计，即使产品在功能上已经过时，却仍然能长久保证形式上的通俗和流行。就1/8升玻璃杯而言，面临着很多精美设计的挑战，甚至有被取代的可能，包括里德尔设计的十分雅致的玻璃杯，或更现代的由威廉·霍尔茨鲍尔设计的玻璃杯，其外观设计和玻璃属性对好酒的香气有最佳的释放效果。而用1/8升杯子则根本不能保证这种效果，这也是为什么这种玻璃杯经常能在一流的奥地利设计公司——多普勒公司里见到的原因。另外，与一升半酒瓶形成鲜明的对比，两公升酒瓶虽然通常能容纳更多的液体，但是这种液体的质量很低，甚至是非常值得怀疑的。

由爱酷（Imco）公司设计的"暴风雪"打火机在挑战创新方面与1/8升玻璃杯的情况非常相似。当然，这家迅猛发展的户外用具工厂之前也走了很长一段弯路，它们开发出的一些打火机，最初用空弹壳加工，仅是理论上比一战后特里布斯温克尔（Tribuswinkel）公司设计

两升瓶子多普勒与1/8升玻璃杯子的对比

的一种特殊的汽油打火机更易于在风雨中点火。另一方面，大量烟民的存在，使那些便宜的、可随意使用的汽油打火机仍然具有很大的广告空间，爱酷公司也受益于此。对于消费者来说，还有一个优势就是无需考虑这种打火机的材料损耗。虽然如此，暴风雪打火机仍然成为一款个性不变的经典产品——通过凹槽和槽口，以及格子式触摸机身，即使不看整机，你也会知道它是属于爱酷公司的产品。而那些对可随意使用的塑料商品持怀疑态度的人们也不顾刺激的汽油味而欣然接受。

再看看里斯－伊美尔（Riess-Email），早就应该普及的厨房用品，但直到现在才做到这一点。美食家，甚至是雅米·奥利弗也没有被它们那些著名的彩釉炊具当场吸引，因为它实际上没什么特别的优势。里斯产品的底部纤细且易于弯曲，这就是烹好的食物放在里面能够经常保温的原因所在，也是为什么在过了一段时间后里斯壶只能被用在煤气烤箱里，而不能平坦地放在火炉上的原因。这种器皿易碎、易生锈，但延展性好，把手不绝缘，导热性好。令人吃惊的是，这种轻淡

左图：始于1958年的里斯彩釉瓷器。
右图：一战后研发的爱酷公司"暴风雪"打火机，作为单手打火机，1936年以来一直在提升版本的适应性

1/8升的感觉更好

明亮的壶、焙盘和杯子,市场需求一直不错,它们牢牢地占据了祖母们的厨房,并与利林波尔策兰(Lilienporzellan)桌子搭配极佳。这些器皿轻质、便宜,一旦它们的边沿生锈,你可以再买一个和之前那个一模一样的,它们之间的配套总是那么合适。

但是还有另外一种可能不会耐久的产品:斯马特-埃克斯波特(Smart-Export)香烟。如果憎恨吸烟的那些人和禁止吸烟的一般规则与日俱增的话,那么用优美的斯马特字体书写在黄白世界上"普遍有效"(Semper et ubique)的格言和奥斯瓦尔德·黑尔特的设计很快都将散去。没有人会再回忆起它的味道——任何一个吸过这烟的人都知道味道,但仍会想念它,是因为那漂亮的软包装。2009年,斯马特香烟就将庆祝它五十岁的生日,让好运伴随它永存于世。

此外,还有"转着喝"(twist and drink)饮料,其营养上的一般性(不论味道如何,它确实包含了大量的糖分)被一部分人(即那些具备健康意识的母亲们)所不屑。反之,其他一些人(所有未到喝可乐年龄的孩子们)却疯狂地喜欢它。这就是为什么色彩鲜艳的塑料瓶的成功不会受到时间影响的原因。"我要那个,妈妈!"甚至最小的孩子也会叫着要玩耍那个旋转的瓶帽,小孩子非常喜欢手中把玩着又长又软的瓶子,在市场上没有比这个更适合吸吮的瓶子了;而且,它还非常甜。

甜食,永远不用担心会消失,下面这些就是来自奥地利人的设计:草药可乐(Almdudler)、榛子奶油夹心的威化饼干(Mannerschnitten)、巧克力皮的圆形软糖(Schwedenbomben)、冰糖(Pez)和立方体糖果(Würfelzucker)。在设计这些美味但是营养性值得怀疑的产品时,所使用了一些奇怪的表达方式,这也许是因为奥地利人真正习惯了他们老一套的生活方式而且简单地对待放松和享受。让我们以这种方式来结尾:我们奥地利人没有发明牛奶什锦早餐,那是瑞士人干的。

1 德语中,Stange 是杆或棒子的意思。在奥地利,小容量啤酒被称为塞德尔(Seidel,也可视为小啤酒玻璃杯)。

斯马特-埃克斯波特香烟的包装,奥斯瓦尔德·黑尔特设计,1959年

53

左图:"转着喝"果汁瓶,1973年以来百货商店中一直在售。
右图:冰糖糖果和冰糖自取玩具,1949年上市至今

自我设计和身体公式
来自奥地利的时尚史

布丽吉特·费尔德尔

奥地利对国际时尚设计和衣服长期固定的尺码标准曾起过决定性的影响,然而我们仍然无法说出一种明确的"奥地利"时尚。

鲁迪·格恩赖希(Rudi Gernreich,1922年生),在1938年从纳粹分子手里逃脱出来后,移民到洛杉矶,直到1985年去世前,他都再也没有返回过奥地利。尽管如此,格恩赖希能在时尚历史上作出重要的贡献与他的奥地利出身密不可分。格恩赖希设计比基尼之初,并没有打算让它很性感,然而,这套上身裸露的海水浴泳装,在1964年首次引起国际新闻界的注意后,经常被误解。面对这种情况,媒体编辑们在展示裸露胸部的模特时,聪明地隐去禁讳的乳头。伴随着这样一种健康的讽刺,格恩赖希成功地将时尚及其有关妇女身体(不是色情)的观念一并带进公众对靓丽的局限认识。他在色情和女性特有的温柔上的认识经过"红色维也纳"的导向,对两次战争期间裸体主义团伙的启迪要大过美国20世纪50年代的鱼雷胸罩(torpedo breasts)。

1974年,格恩赖希发现并且投产了这种比基尼的皮带,现在,它已经获准作为主要商品出现在每一家妇女内衣商店里。所有的皮带和比基尼都能在20世纪20年代维也纳户外球场的照片中看到,不过50年后它们遭到了国际上的广泛非议。格恩赖希关注身体的自然曲线,并追随19世纪末发起的那场有着漂亮口号的改革运动——"改革女性服饰"(Reformkleid),目的是促进"为妇女合理裁衣"——抵制不健康束胸和一些强制性规定。维也纳艺术工作室所采纳的理念是宽松的衣服可以使人们轻松,进一步发展这种理念则形成一个设计原

1974年,鲁迪·格恩赖希第一次展示了坦加(Tanga)泳衣,国际新闻界没有错过报道这件轰动一时的事件

则：衣服、室内设计和生活方式都应该
具有一种审美和谐。在普利麻维兹家族
夏季别墅上的古斯塔夫·克里姆特宴会
套服：女人们身上的衣服料子与从前贴墙
的材料相同。对于这样的设计难题，格
恩赖希表达出了一种"整体观"：帽子、
衣服、紧身衣，甚至内衣都是相同的式

左图：1964年，美国出版业既要设法展示无上装的单比基尼式游泳衣的"高雅"，又要回避法律对裸露女性乳头的限制，在众多想法中的其中一项活动就是"去看格恩赖希"的广告宣传。

右图：格恩赖希的模特——沉思中的佩姬·莫菲特，身穿黑色毛织单比基尼式游泳衣，由她的丈夫威廉·克莱科斯顿拍摄。时尚出版界很长一段时间拒绝刊印这张照片，它的第一次公开出现是在1964年6月3日的《女性每日服饰》(Women's Wear Daily)上，流言蜚语也随之而来

自我设计和身体公式

56

样。举例来说,珍珠灰色的海军竖直条纹配以鲜绿色羽毛拖鞋。其他大格子花纹式样设计反映了艺术上的新装饰性,这也是格恩赖希从分离派的家具和装置设计中提炼出来,应用到衣服和20世纪60年代纺织品中去的结果。在诠释和延续"改革女性服饰"的过程中,人的身体被进一步抽象化,而不是变异——抽象成为"身体的方程式",为每个穿衣者记录身体数据个性。对于格恩赖希来说,衣服就是聪明才智武装下的第二层皮肤,为都市居民配备的一套装甲。在他的空想原型下,他设想了合成衣服及其用料的无缝处理,沃尔福特(Wolford)的创意在1994年设计的无缝紧身运动衣裤得到了实现。

格恩赖希的时尚表现出特有的统一式样和色彩组合:斑点和条纹相结合,其颜色用粉色与红色或绿色与蓝色相搭配。他所使用的这种颜色组合以及式样搭配与他之前考虑的风格互相矛盾,但并不影响格恩赖希借此而自傲很久。经常由不同材料和图案制作的紧身连衣裙为无尽的多样性提供了一个基本的设计蓝本,格恩赖希在他的设计策略中采用紧身连衣裙原则,不同的季节都会使用不同的材料、样式和颜色一遍遍地剪裁。对于格恩赖希来说,紧身连衣裙相比较传统

1937年,身着传统服装特拉赫滕(Trachten)的玛琳·迪特里希和她的丈夫鲁道夫·西贝尔在萨尔茨堡的节日上

的装束是属于那种非正式的随意的服装。他的母亲和姑妈在移民到加利福尼亚后仍很自然地坚持穿她们的紧身连衣裙。相反，在 20 世纪 30 年代，玛琳·迪特里希穿传统服装特拉赫滕却并没有削弱她的魅力。提洛尔风格（à la tyrolienne）为国际高级女士服装业提供了灵感，奥地利的特拉赫滕时尚，作为一种随意性的简单服饰，在早期出口贸易中也取得了成功。兰茨（Lanz），一个来自萨尔茨堡的特拉赫滕制造商，在美国开了一家分店。然而纳粹政权也选择了紧身连衣裙和特拉赫滕的服装形象，并且强迫德国的妇女和女孩们长期穿这种传统服装，甚至必须手工缝纫。于是，紧身连衣裙和传统的服装不再成为夏季节日里的时尚衣着，而变成了表达女人们强烈反抗性的符号。纳粹手下的特拉赫滕形象遭遇到的这种诋毁，只能通过新的形式及其新的意义恢复了。

今天，关于特拉赫滕服装以及传统服饰的颜色和款式搭配的生产原则为紧身连衣裙的现代化加工提供了一个参考，也为流行设计提供了灵感之源，随着高质量的奥地利服装、紧身连衣裙和整套打猎服也进入国际市场。格恩赖希在 20 世纪 60 年代开始有关紧身连衣裙的设计工作，赫尔穆特·朗（生于 1956 年）继续他的工作，并于 1984 年为传统服装制造商格斯尔设计了新的服装系列法尔维克，直接证明奥地利的传统服饰能够融入到国家化的时尚语言中去。赫尔穆特·朗，1997 年作为年度最佳国际设计师，

赫尔穆特·朗（Helmut Lang），从他的 1998 春季时装展开始，将内衣和工作服的基本元素吸纳到他的设计中去，并且发展了在功能上展示自我个性的时尚设计

自我设计和身体公式

荣获美国时尚设计师委员会奖,获奖原因是他长期坚持传统服饰的现代化改进以及对非主流文化服装语汇个人主义和讽刺性的平等处理。例如,他从不设计商贸制服,相反,赫尔穆特·朗的套服开始变成可穿着服饰的个性化制服,也就是说,是那种在任何地点,任何时间都可以穿的制服。在朗的女士服装收藏中,有些设计灵感是来自男士服装。他收集经典男士套服的片断,例如袖子或衣领,再将它们进一步转化为新的服饰语言。朗的设计在高雅和随意之间并未加以区分,他的服装风格不以社会上的一些场合和仪式为风向标,卑屈迎合,而是承认自己设计中必然会出现的不足。

1998年,赫尔穆特·朗从奥地利到纽约继续他的工作。那时,他在维也纳的工作室已经得到国际社会很高的赞誉,这也保障了他的职业生涯中不需要在国际上的再努力寻找空间。像巴黎、米兰、伦敦和纽约这样的时尚中心,自然也是重要的"云裳风暴"(prêt-à-porter)之地,然而在这些地方,时尚不但是被穿在身上的,还是被设计和创造出来的。例如维也纳的女服装设计师格特鲁德·赫希斯曼(Gertraud Höchsmann,1902～1990年)或女式帽子商阿德勒·利斯特(Adele List,1883～1983年)的工作室,在她们那个年代,具有毫无疑问的国际地位,但还不像今天如此便捷的信息交流和市场网络,允许设计师们工作在维也纳,展示在巴黎,而销售在东京。奥地利的品牌温迪＆吉姆(Wendy ＆ Jim)就是这样做的,并取得了巨大的成功。品牌成功背后的人——黑尔佳·沙尼亚和赫尔曼·范克豪泽,都是赫尔穆特·朗的学生,朗曾在1993～1996年在维

棉和亚麻搭配的套装,格特鲁德·赫希斯曼(Gertrud Höchsmann)设计于1967年。这套衣服出现在一个办公室秘书的时装系列展上,并展遍整个奥地利

也纳应用艺术大学担任时尚设计方面的教授一职,与他同时教授所谓时尚课程的还有卡尔·拉格费尔德、菲菲恩内·韦斯特沃德、维克托与罗尔夫和拉夫·西蒙斯,他们现在都是时尚设计顶级培训领域中十分著名的一些人物。维也纳的毕业生们活跃在世界各地,在他们自己的设计室或在主要的时尚公司中从事时尚设计方面的开发、组织以及生产工作。

今天,市场早已国际化,明确特有的"奥地利式"时尚已不再可能。尽管如此,留存下来的那些是源于奥地利品质的历史需求,并能满足国际化环境下保障成功的所有要求。

2005/06 "身体的耶稣"秋冬季家具展上,温迪 & 吉姆设计的人体家具。与此同时,艾伦·琼斯在他的家具设计中借助了妇女的身体来表现日常用品的特征。两个艺术家都讽刺了时尚界停留在消费表层的肤浅

街道的声音

作为文化商品的海报

埃尔温·K·鲍尔

  当我们试图确定平面设计的起源时，会面临着这样一个问题：如何定义这一新行业的产生。随着传播与媒体的快速变化，这一行业也在不停地变换，因此我们无法得到一个固定不变的定义，只能找到与人们改变交流需求及用于创建视觉信息的相关新技术相适应的释义。

  早期商业平面设计工作通常仅需要排版，然而视觉信息的快速增长导致了新的媒体的出现，也使得人们急切希望寻找新的方法。19世纪中期，与产品的规模化生产相适应，出现了最早的品牌。最初，生产者自己为品牌取名、设计并做宣传。然而，在19世纪末期，企业家们开始寻找专业的设计师为他们的品牌设计简洁的图形，并仔细挑选宣传媒体，以便和其竞争对手的产品相区分。随着财富的增长，逐渐现代化的欧洲大都市在美术、戏剧、音乐等艺术形式上快速发展，这种发展也使得相应的宣传活动逐渐增多。1870年，一种采用彩色平板印刷技术接近于活动海报的独立海报形态在巴黎出现了。十年后，法国艺术家亨利·德·图卢兹·劳特累克用简单却很醒目的设计风格，使行人对他的艺术海报作品产生了浓厚的兴趣。随着艺术海报在城市形象占据了一席之地，艺术海报也开始走向成功之路。此时，维也纳在经济上还落后巴黎几年，但随着经济持续的繁荣，在1900年前后，维也纳的经济实力已经赶了上来，广告的需求也随之迅猛增长。

  1917年，维也纳城拥有3000幅海报，是商业城市——柏林的两倍。今天，维也纳城内有接近30000幅海报[1]，保持着人均拥有海报数量第一的地位。奥地利设计者与海报媒介的合作进一步深入。利用海报，在几秒钟内，抓住人们的眼球，从而及时地传递信息，这对于设计者来说是一个巨大的挑战，设计者必须紧紧抓住创新的脚步，并在这一过程中不停地保证媒介信息的更新。

  随着1897年维也纳分离派和1903年维也纳制造联盟的相继形成，一些维也纳文化的积极参与者们形成了一个对艺术理念不懈追求的艺术家群体。这些人组成了跨学科的团队，设计出综合了建筑、设计、时尚、图像等不同学科表现技法的作品。与保守派的因循守旧不同，分离派的艺术家们关心的是艺术的革新。维也纳制造联盟一直在寻找一种方式，使得高品质、个性化装饰的生活空间得以具体化。他们早期为莱柯斯丽（luxury）食品公司设计的企业外部形象，因为彻底地贯彻了这种风格而得到了广泛的好评。该设计每一处都符合维也纳制造联盟的设计风格：从中心的商标、WW 的字母组合，到充满美学色彩的产品展示厅、销售厅、产品目录甚至包装。[2]

随着分离派的《神圣》（Ver Sacrum）杂志在 1898 年出版发行，分离派为书籍版面设计赋予了新的特性。他们的展出海报尽管一直受人抨击[3]，但在快速增长的壁挂式海报中依然一枝独秀。1898 年古斯塔夫·克利姆特设计的海报则以彻底的极少主义形式向世人宣告了他们的存在：海报中所有形式都被简约成二维，放弃透视，色彩作为标志被引入、综合的排版等表现方式占据了重要的位置。然而，从历史上来看，直到混合的彩色字体被使用的时候，极少主义才成为一种普遍的现象。而鲁道夫·拉里施则奠定了有效的处理字体方式的基础，对 1950 年以前设计者的工作产生了极大的影响。[4]

一次世界大战后，奥地利人努力工作，迅速重建起了新型的现代社会。社会发展的进步可以从两位设计者的个性及其设计作品中反映出来。当年轻的约瑟夫·宾德尔还在维也纳艺术工商学校向贝托尔德·洛夫勒学习绘画时，就已经因为采用风格化的半透明图像与严格的简约主义相结合的方式赢得了无数海报竞赛大奖而名声鹊起。在他 1934 年出版的关于广告理论的《广告色彩》一书中，便述说了将这种风格引入到生活的各个方面进而勾勒出一个全面美化生活环境的远

左图：分离派首次展览的宣传海报，古斯塔夫·克利姆特设计，1898 年。
右图：蝙蝠剧院和小型歌舞场，贝托尔德·洛夫勒设计，1907 年

街道的声音

景。他和尤利乌斯·克林格尔为阿拉伯半岛咖啡设计的通俗易懂的图案,不但符合公司的形象,而且忠实于维也纳制造联盟的精神,这些图案在国际媒体[5]中总是被人津津乐道。而与他同时代的经济学家、政治家、设计家奥托·诺伊拉特则在维也纳建立了社会与经济博物馆。他使用前卫的交流方式,实现了提高劳动阶级的社会地位,为他们争取到更好的生活条件的目标。在这其中他更为关注的是民众获得知识的权利。为了使政治、经济、历史等因素造成的文字差异不至于影响交流,诺伊拉特通过以国际印刷排版图教育体系为基础的图案文字系统进行沟通。系统是由大约 2000 个统一的图表化图像符号组成,可以认为是今天我们使用的图标的前身,所有的这些图像符号均与系统化准备和网络统计数据相关。与他的团队一起,诺伊拉特在财富和收入[6]的分配、住宅建设等前沿且热门的课题上开展了教育运动。基于"应该让博物馆走进大众,而不是大众走进博物馆"这样一句谚语,他在公共建筑内策划了一系列单元化的展出,确保最广泛的民众获得知识的权利。

从左到右:1924 年约瑟夫·宾德尔设计的"麦诺咖啡"海报;1930 年奥托·诺伊拉特设计的选举海报"住宅和城市规划";1918 年尤利乌斯·克林格尔设计的"第八次战争契约"海报

第一次世界大战期间及战后,海报设计者们开始通过他们的工作传递政治内容,如尤利乌斯·克林格尔为第八期战争契约设计的海报。此外,因中央法院起火后警察向示威群众射击一事,卡尔·克劳斯在1927年绘制了要求警察局长辞职的海报,也揭示了海报所具有的十分重要的公共意义。即使作为《火炬》杂志 7 所有版面直至主题惟一的撰稿人,卡尔·克劳斯仍然致力于将海报视为一种宣传媒介。

1934～1945年,随着(奥地利)法西斯和纳粹政权对言论的强令限制,奥地利设计产业停滞不前。只有少数新设计师留了下来,人数少到已不能重新拾起或是传承他们先前取得的成就。直到1945年,维克托·斯拉马 8 设计的海报"永不忘记!",才对战后环境做了简洁但让人印象深刻的总结。

在战后初期纸张缺乏的情况下,海报仍然被大量地印刷、张贴。选举海报装饰着街道,原本空旷的场地都被海报"封锁"起来。随着经济的复苏,文化生活也同样开始兴旺,巴西建筑展等展览会也开始出现。在库尔特·施瓦茨为1958年的展览会设计的海报中,用50年代的现代形式语言描绘了对国际新型建筑文化的探索。这个海报证明了施瓦茨和他的形式完美主义仍然遵循了已经超过80年历史的海报设计的所有基本原则。施瓦茨在平面和立体的转换上游刃有余,并且他的海报仅采用黑、白、黄三种颜色。值得一提的是,他采用在图像中加入具有空间感的物体,进而创造性地解读了巴西国旗。

20世纪70年代中期,蒂诺·埃尔本使用新的平面设计方法使新颖的商业理念

左图:维克托·斯拉马设计的海报"永不忘记!",1945年。
右图:库尔特·施瓦茨为巴西建筑展览会(Brasilianische Architektur)设计的海报,1958年

街道的声音

视觉化。他为皮特和卡塔琳娜·内弗传奇的设计画廊"片断 N"（他们的设计包含了一种不合常理的简约绘画主题）进行宣传。简单的手绘风格在这时成为一种流行的设计方式。而埃尔本因为曾经是日报的漫画家，在这方面有着较深的基础，所以他的才能可以得到充分的施展。这些简单的海报用它们的视觉幽默呼唤一种时代的精神，并且很快从普通商品成为广受欢迎的经典收藏物品。它们出现在城市的公共空间、个性化的酒吧和私人住宅，成为人们生活空间中独特的装饰品。

20 世纪 80 年代初，约伊·巴迪安为大企业从形象设计到外部包装的一系列事物中，创造了既好看又好用的图形设计，并且开办了标准日报（Der Standard）。他最伟大的贡献之一是将规范的印刷排版引进超级市场的宣传海报设计中。

平面设计另一个完全不同的分支可以追溯到 1960~1970 年：一种理性的、系统的，但也有些激进、试验性质的瑞士平面设计在奥地利受到了重视。在巴塞尔师从于沃尔夫冈·魏因加特的瓦尔特·博哈施，在 20 世纪 80 年代与克莱门斯·舍蒂尔发展了这种新的风格，并将自己学到的知识和在美国进行平面设计的经验，以及他的奥地利文化背景充实进去。他的海报"工程建筑艺术，沃尔夫迪特里希·齐泽尔"（1989 年）就是这种风格的最佳证明。

20 世纪 80 年代中期，当维也纳艺术节上的艺术家们设计的巨大壮观且富于美感的海报为城市形象抹上一笔新的色彩后，文化活动中越来越多地出现了海报活跃的身影。

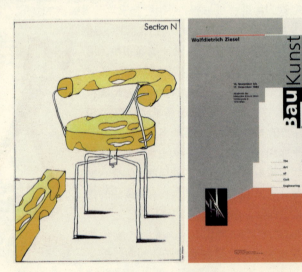

左图：蒂诺·埃尔本 1983 年设计的海报"片断 N"。
右图：瓦尔特·博哈施和克莱门斯·舍蒂尔在 1989 年设计的海报"工程建筑艺术，沃尔夫迪特里希·齐泽尔"

维也纳艺术节的海报展出甚至变成了每年一次的、让人期盼的宗教仪式。负责展出的里夏德·东豪泽为戏院设计的简约风格的海报则成了这些色彩中最持久的视觉享受。从绘画到排版,东豪泽综合运用了图像设计的各种技术,但是他的设计风格更主要的是对素描、色彩明度及字体的创新使用。[9]

  20 世纪 90 年代末,约瑟夫·佩恩德尔通过为维也纳电影节设计海报,为这一固定的盛会带来了某种意义上的连贯性。他们通过赋予维也纳城的象征符号"V"不同的图像形式,每年都能确保带来惊喜,并给人留下深刻的印象。科尔杜拉·阿莱斯安德里采用黑色粗体字和简单画面的设计方式每次也都是让人赞不绝口,1990 年,她为在维也纳的赫尔梅斯维拉举办的"色情"(Erotik)展览设计了一个具有橡胶封皮和拉链的展览目录,与海报的概念相比:一个钮扣装饰的领子设计粉碎了观众们对于精巧时尚的预期。

  与维也纳艺术节和维也纳国际电影节的海报设计相类似,具有维也纳教育背景的两位瑞士图像设计师卡特里内·罗里尔和约翰·霍夫曼为剧院设计的演出海报,一直备受关注。学设计的学生和一些工业设计艺术家,例如斯特凡·扎格迈斯特也经常被邀请为戏院设计平面作品。活跃的信息网络为这家剧院那些独特的海报设计提供依据直至今日。

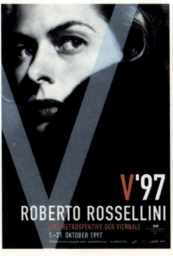 

左图:约瑟夫·佩恩德尔在 1997 年设计的维也纳国际电影节海报。
右图:20 世纪 80 年代斯特凡·扎格迈斯特为剧院设计的海报

街道的声音

　　在上述作为文化商品的海报发展历史中,有一点是十分清晰的:奥地利的图像设计仍然可以从现在的社会内容指向性、公共空间展出性以及可讨论性这样的一种形式下继续向巅峰发展。广阔的城市空间被海报占据,海报作为"街道的声音"已被公众高度认同,在城市形象和城市信息交流中扮演了重要的角色。观者因海报高品质的设计及其传达出的深刻内涵而感到惊奇,设计者对新奇的解决方案怀有热忱是品质的保证,而客户们则一如既往地要求与众不同。

1　见伯恩哈德·登舍尔(Bernhard Denscher):"装饰和简约",摘自《来自维也纳的海报》,维也纳城市图书馆/瓦尔特·奥伯迈尔(Walter Obermaier),维也纳,2003年。
2　科洛·莫泽和约瑟夫·霍夫曼主席将他们从1905年开始的工作程序进行了深刻地总结,该总结可以看成是精致典雅、材料品质和处理方式的宣言。
3　19世纪中叶,在非主流海报张贴者的攻击下,一些商行如初期维也纳中央机构(Erste Wiener Central-Plakatanstalt)开始有系统的树立户外商业广告。今天,非主流海报已经拥有了自己的媒介,特别是在文化领域。
4　随着《艺术设计中的装饰字体》(Über Zierschriften im Dienste der Kunst)在1899年的出版,鲁道夫·拉里施编写的这本书成为了后几代设计师们进行排版的教科书,这其中就包括宾德尔。
5　宾德尔于1933年和1935年分别受邀来到克里夫兰和芝加哥进行教学活动。1936年,他在纽约开始设计工作。待了一年后,他移民美国,与他的同事们一样,不得已放弃了那时已非常成功的维也纳工作室。
6　1929年的海报"社会的选择"(Wählt sozialdemokratisch),与卫生、健康和商业展览的公告同样具有教育意义。诺伊拉特相信社会转变观念努力奋斗,为广泛的民众获取知识应该是一个国际化的运动。在莫斯科经历5年的绘图工作后,他又在荷兰、美国、英国工作过一段时间,直到1940年脱离纳粹控制后他就一直住在英国了。

7 见卡尔·克劳斯:"海报的世界",摘自《火炬》杂志,第 283~384 期,第 19~22 页,维也纳,1909 年;以及《街道的日记》第 176~177 页,维也纳城市图书馆,维也纳,1981 年。作为对卡尔·克劳斯呼吁的回应,知名人士菲尔费德尔柯尼希(皮革钢笔大王)就海报形式予以反驳,而卡尔·克劳斯则在《火炬》杂志中对他进行了讽刺。
8 维克托·斯拉马是 20 世纪 30~50 年代最活跃的政治海报设计者。在这二十年间,他一直坚持社会主义理想。
9 伯恩哈德·登舍尔——剧院海报,1979~1991 年,剧院,维也纳,1992 年。

关于本书

图加·拜尔勒，卡林·希施贝格尔

奥地利过去的百余年中，经历了政治、经济、社会的变革和重建，这些都为今天描述奥地利设计文化都发生了什么提供了话语背景。

在这百余年的历史进程中，奥地利起初继承了奥匈帝国从1867年开始为内部和谐而巩固的强大体制，随后经历了第一次世界大战，国土面积缩减，人们的生存受到了威胁，并因此在三个阵营——社会民主主义者、天主教保守派、德意志民族主义者的冲突中四分五裂。在被纳粹德国吞并之前以及之后，奥地利在智力、创造力和经济上的潜能消耗殆尽，并且一直没有恢复过来。到1945年时，奥地利在经济范畴内滑落到了欧洲福利指数的倒数第三位，人们的生存状况与20世纪20年代早期的情形相似——处于饿死的边缘。1955年，也就是在七年纳粹独裁统治和十年军事占领后，国家条约的批准使得奥地利重新获得了完全的自由和国家主权的独立，从而能够在多数人意愿的基础上发展国家经济。这要感谢美国马歇尔计划的扶持（1948～1953年），奥地利才能迅速地建立起一个稳定繁荣的经济体系。今天，奥地利——1995年起成为欧盟的成员国——已经成为世界上最富裕的国家之一。同时，根据当前欧盟改革委员会调查显示，奥地利的创新成就已经超出了欧盟的平均水平，包括新产品的利润份额，市场改革以及注册专利——尽管取得这样成就的原因可能是中小型企业，是它们支撑起了这个国家的经济命脉。作为一个国家，定位奥地利的整体设计水平，要比其他国家更困难，原因就在于历史上戏剧性的分裂演变以及国家体制的形成过程都颇为复杂多变，这也导致了在相对长的一段时间内，设计水平整体滞后，集体意识固定成形。因为这个原因，本书的德文名——Designlandschaft，即为具体介绍奥地利"设计大观"的工具书。根据本书关于工业设计、经济、社会和文化历史的简要描述，十分清晰地说明奥地利正在频繁地抢占市场，生产并创作出国际上领先的创新产品和设计方案，构成了一股主流的文化运动。

本书的评论部分描述了奥地利设计文化的各个方面，简介部分则精选出为奥地利的设计历史已经作出或正在作出贡献的设计师、公司和协会机构加以介绍。除了介绍历史上设计界的名人和创造出经典产品的设计师，本书的词典部分还集锦了工程师、设计工程师和那些横跨多种学科领域的杂家。受篇幅所限，这一部分不可能将奥地利史上所有重要的设计师和公司收入其中，然而个别未收录的将在该部分的后面几页提及。简介部分中设计师、设计工作室以及公司的排序依据是他们最主要设计成果的时间顺序，而选取这些设计成果的业绩评判标准是主观的。每一例简介如果出现两张以上说明照片时，词条的排列顺序也是根据设计产品问世的早晚原则，这种原则同样适用于协会机构的排序。同时，本书封面的字母索引可以使我们更快捷地找到所需要查找的词条。

1859～1910 年

奥地利设计之旅开始于1859年，那一年迈克尔·索涅特将他的第14号椅子样板投入市场。这把椅子是第一批工业加工的消费商品之一，在它出现很长一段时间以后，设计才开始成为一个普遍公认的概念。索涅特14号的成功可以看作是依靠哈普斯堡君主政体的背景下取得的，这个君主制国家不但拥有丰富的原材料和大量的劳动力，而且在其境内拥有巨大的市场。与此同时，现代化的大都会在持续地扩展，交通干线需要不断地建设，商业贸易频繁——这些都为国际出口提供了有利的条件。大城市的居住尺度不仅需要那些便宜且大众化的产品，而且改变了市民们对他们生活方式的界定，个性化和自由灵活的生活达到了前所未有的高度。

奥托·瓦格纳，是第一批接受近代科技成果，使用工业加工办法和新型材料，并且勤于思考近代社会新型行为模式的建筑师，作为维也纳城市铁路的城市规划师和设计师，他在塑造维也纳的城市意象中扮演了重要的角色。

一个近代且富有的资产阶级的出现，自然需要追求生活方式的多种可能性。摒弃传统的社会规范，对私密环境的空间设计开始成为向新生活表态的合适场所。在这样一种氛围的激励之下，改革运动发展到了全欧洲，例如英格兰的手工艺运动和奥地利的维也纳艺术工作室。新艺术组织如维也纳分离派等陆续创立，像达姆市（Darmstadt）的玛蒂尔德赫厄这样一些移民艺术家们也纷纷涌现。

阿道夫·路斯从设计的角度批判那些无意识的、虚假的设计，批评的舞台常常铺设在一些私人领域里，这也使他成为维也纳艺术工作室和约瑟夫·霍夫曼反对的主要对象。路斯积极呼吁手工艺品需要得到大众的重视，因为在他看来，经过验证却不为人知的人造产品单件远比那些光鲜的合成艺术品更能满足现代社会的需求。他提高了个体的自主性，在艺术品位方面，他更愿意担当一个助手，而不是一个代言者。

然而，维也纳艺术工作室被认为是第一个创立商标的奥地利公司，商标的设计在艺术、工艺和观感上非常成熟——尽管商业上的成功不完全取决于这些。约瑟夫·霍夫曼和他的同伴们成功地克服了历史相对主义，宣告了一个新的设计时代的到来，其影响范围远超出维也纳城本身。工作室创造出的成果不但通过无数次展览得到了最大程度的认可，还成为奥地利文化，特别是维也纳城市文化中闪亮的一笔。

维也纳艺术工作室的商业伙伴同时也是它们的资助人、顾客和委托人。然而，随着第一次世界大战的到来，富人、知识分子、自由中产阶级的物质基础受到了震动，国家的原材料和相关产业也流失殆尽。维也纳艺术工作室追求艺术家与手工匠人和谐生产出完美产品的理想与适应了工业产品新环境的现实需求格格不入，最终在 1932 年遭遇清算。

1910～1945 年

约瑟夫·霍夫曼不但是维也纳艺术工作室的创始人以及维也纳分离派的一名成员，还是 1913 年奥地利制造联盟（OWB）的创建者之一。在与奥地利艺术与工业皇家博物馆（今天的奥地利应用艺术暨当代艺术博物馆）的密切合作中，OWB 致力于风格艺术、艺术和手工艺，艺术品位的培养。然而，相比德意志制造联盟，OWB 仅是刚刚面临着时代发展中的工业制造联盟。

包豪斯，铸造了一个全新的、功能主义的设计意识形态，但是作为一个完整的教育体系，在维也纳或整个奥地利很少被接受。弗里德尔·迪克尔和弗朗茨·辛格是惟一受过包豪斯训练的设计师,通过为既开明又有钱的业主设计方案以及建造教育设施,实现了他们的现代设计思想,改善了生活环境。

在由阿道夫·路斯启动的维也纳市政建设办公室里,玛格丽特·许特-利霍茨基于战争年间就已经开始着手改善劳动者穷困的生活居住状况。1926 年,恩斯特·迈邀请利霍茨基与弗朗茨·舒斯特一起合作进行名为"新法兰克福"的住宅建设项目。由于预见到作为一个妇女需要面临工作和家庭双方面的负担,并受其在美国第一次接触合理化研究的深刻影响,利霍茨基设计开发了法兰克福厨房,这是世界上第一个标准化厨房设计。弗朗茨·舒斯特十分清楚社会上的需求,1929 年,他设计了所谓标准化组装家具:即模数化的标准家具,这也为后来普通老百姓分件购买适合他们的家具提供了一个基础。

玛格丽特·许特-利霍茨基后来作为共产主义抵抗组织的斗士而被捕,与利霍茨基在二战结束后几乎接不到任何新的委托任务不同,舒斯特在 20 世纪 50 年代能够追逐他关于社会化产品的理想,在社会化产品"社会住宅布置艺术协会"(SW)和 SW 家具的发展历程中作出了巨大的贡献。发生在利霍茨基和舒斯特他们身上的历史,是当时无数个人命运的代表,也反映了奥地利创造潜力的流失和这个国家在战后如何对待本国的历史。

约瑟夫·弗兰克,是 CIAM(国际现代建筑协会)在 1928 年成立时被邀请的惟

蒙台梭利幼儿园的厨房,辛格-迪克尔工作室设计,歌德霍夫市立幼儿园,维也纳,1930 年

关于本书

——一名奥地利建筑师,终生坚持对国际现代主义的批评演说,谴责它的教条性。他强调个体的复杂多样性,在设计他的公寓和住宅时,弗兰克追求一种模式,既能够满足人们的自由性,又能够释放人们的个性。弗兰克和奥斯卡·弗拉赫在1925年一起创立了家庭花园家具店,这是第一家为消费者提供现代化和个性化散件的家具店。当约瑟夫·弗兰克在1938年被迫离开奥地利后,J·T·卡尔马尔接管了公司,安娜-吕尔雅·普劳恩从1954～1958年担任公司的艺术总监。约瑟夫·弗兰克移居到瑞典并且在与斯文斯克·滕恩公司的合作过程中扮演了主要角色,为斯堪的纳维亚半岛的设计发展发挥了巨大的作用。二战中的混乱和对美国新包豪斯的过度关注,使得弗兰克对国际式的批评态度和他的设计成就在后来几十年中不为人知。至少在奥地利,他在设计上的贡献再一次被关注的时间是在20世纪60年代,一些著名的设计师例如约翰内斯·施帕尔特、弗里德里希·库尔恩特和赫尔曼·切赫等人最先重新审视弗兰克的成就。

一小部分奥地利设计师和建筑师移居国外并不只是因为政治原因,他们离开是因为他们感到,至少在早期是这样认为的——奥地利的舞台对于他们虚幻的想像和要达到的设计目标而言,太小太有限了。之所以这么说是因为我们可以举出弗雷德里克·基斯勒、贝尔纳德·鲁道夫斯基、维克托·帕内克等人为例,他们那些激进的社会批评言论曾经而且还在引起国际上的反映。

奥地利在工程和构造领域的贡献开始于约瑟夫·雷塞尔和卡尔·里特尔·冯·格黑加,延伸到19世纪后半叶和20世纪初。奥地利的设计工程师和工程师如保罗·雅赖、埃德蒙·伦普勒、汉斯·莱德温卡和埃里希·莱德温卡、卡尔·延施克、雅各布·络纳、

"科雷亚利斯姆"(Correalism)理论图解,弗雷德里克·基斯勒绘制,纽约,1937～1941年

巴达拉·巴雷尼和埃尔温·科门达在机动车、飞机构造以及流线改进方面作出了重要贡献。费迪南德·保时捷在开创自己的汽车品牌前,先后在戴姆勒引擎股份公司和斯太尔股份公司(后来的斯太尔-戴姆勒-普赫股份公司)就职。尽管后来需要与一些公司合作,甚至被一些公司例如MAN、麦格纳(MAGNA)集团所兼并,但公司在斯太尔和格拉茨(普赫公司的创办地)的工厂还继续生产卡车、拖拉机和汽车。普赫公司生产的摩托车和自行车,直到1987年前的几十年中都是奥地利街巷的一道风景。

1945～1960年

第二次世界大战后,对于新奥地利的定义既可以从企业主和劳工代表之间成功的社会关系中体现出来,也可以从值得仿效的经济增长中看出来。经济增长的启动是从国家重建并满足人民大众基本需求(衣、食、住)开始的,然而不久,就转向建造和设计新空间类型的各种可能,例如跳舞俱乐部和蒸馏咖啡馆。与维也纳慢节奏的咖啡文化不同的是,蒸馏咖啡馆是一处快速冲泡浓咖啡的地方。此外,还包括一些快乐运动的场所,例如滑雪场(相关的滑雪产品介绍分别有费舍尔、蒂罗里亚、克奈斯尔、卡雷拉和多彼梅耶尔)。最重要的是,奥地利作为一个旅游国家,旅游产业的开发为本国的经济增长作出了最显著的贡献,并更新了国家经济体制的发展进程。卡尔·施万策在1958年创立的奥地利设计协会(OIF)也发生在这段时期,1998年解体前,协会采取了大量的鼓励性措施,包括创建国家设计奖,为的是提升奥地利人的集体设计意识。尽管社会住宅布置艺术协会和它们资助的SW家具(委托设计师

普赫公司1954年生产的施坦格尔·普赫MS50机动脚踏两用车,为奥地利邮政系统服务了好几代

关于本书

是弗朗茨·舒斯特、罗兰·雷纳和奥斯卡·派尔等人）仍然迫于满足国家的基础性重建，但是另外还有奥伯克和哈格瑙尔工作室的产品设计，佐内特的家具设计，J·T·卡尔马尔和尼科尔·洛伊希滕的灯具公司，以及利林波尔策兰公司（威廉斯布尔格瓷器公司的一部分），这些特色产品公司的存在都反映了20世纪50年代涌现出的对生活的热情和消费力。

　　战后的现代主义设计师，像玛丽安娜·登策尔、埃尔弗里德·托伊费尔哈尔特、尤利乌斯·伊拉泽克和奥斯瓦尔德·黑尔特——都曾在战争期间受到过重要人士的指导和影响——对自己所设计的产品非常负责，他们为奥加腾、洛布迈尔、赛布格尔·克里施塔尔格拉斯、家庭花园、Neuzeughammer Ambosswerke、佐内特、卡尔马尔、赖歇特·奥普蒂舍、韦尔克和蒂罗里亚等公司设计新的产品样式。这些设计师和公司如弗里德里希·科菲策尔和奥米伽，以一种典型奥地利式的优美品质在20世纪50年代开始的米兰三年展上开始崭露头角，从而为奥地利的产品文化作出了重大的贡献，这一点得到国际上的公认。在这时，短时间内提升战争期间快速流失的设计品质是有可能的，例如通过一些重要教育机构的教学活动。克莱门斯·霍尔茨迈斯特和恩斯特·A·普利施克均受聘于维也纳美术学院，而且属于少数移民后又被召回国的那拨人。他们的教学活动在培养年轻人的过程中起到至关重要的作用，培养出的新一代建筑师包括汉斯·霍莱因、威廉·霍尔茨鲍尔、弗里德里希·库尔恩特、约翰内斯·施帕尔特、赫尔曼·切赫和路易吉·布劳等人。

　　虽然奥斯瓦尔德·黑尔特、弗朗茨·哈格瑙尔、阿尔弗雷德·佐莱克和弗朗茨·霍夫曼（与约瑟夫·霍夫曼没有关系，是工业设计研究分科的一个创始人）也能够在20世纪50年代为奥地利训练出重要的设计师，比如恩斯特·贝拉内克、克里斯蒂安·芬茨尔、乌多·普罗克施、恩斯特·格拉夫或者后来的罗伯特·玛丽亚·施蒂格、阿尔诺·格林贝格尔等人，但是接下来二十年的教育质量则无法与之相比，几个建筑师像小卡尔·奥伯克和汉斯·霍莱因，只能够到海外去追求原来的那种教育质量，并且能够在美国进行研究工作。

75

第八届米兰三年展上的奥地利铝屋展厅,弗里德里希·科菲策尔设计,1964 年

关于本书

76

1960～1980 年

20 世纪 50 年代末和 60 年代初的奥地利不仅建立起来了消费型社会,更重要的是——至少是少数几个例子中——成功地转变了贫瘠的市场。乌多·普罗克施(别号泽格·基希霍费)的成功故事即是这些少数例子之一。在与眼镜制造商威廉·安格尔合作过程中,普罗克施为维也纳在线、泽格·基希霍费和卡雷拉滑雪镜等品牌探索独到的市场策略。然而与此同时,缓慢发展的消费品产业导致了另一种典型的奥地利现象,即过低的自我认知和面对奥地利历史的矛盾态度(见维特-多尔林的文章),设计景象的形成主要依赖那些曾经(并且仍然)在最前线的设计师们和商业精英们的个体创造,然而作为一个国家的整体设计品质,至今仍然没有能够发展起来。

十分有趣的是,开始分析世纪末和战争期间建筑及设计历史的并不是艺术史学家而是建筑师。这里,我们尤其要提到四人组(a4),特别是弗里德里希·库尔恩特和约翰内斯·施帕尔特,他们办的出版物和展览使瓦格纳、路斯、霍夫曼和弗兰克的作品被人们所理解。最初的 a4 和后来惟一留下来的施帕尔特先后为维特曼工作,为这个家具制造商的成功奠定了基础。a4 和奥托卡尔·乌尔、约翰·格奥尔格·格施托伊等建筑师痴迷于至纯的简约,他们的作品与社会上商业化的产品有着明显的区别,也有意识地与随后不久涌现的实验性集团拉开距离。

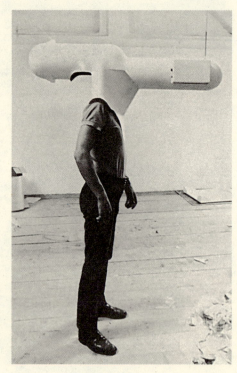

电视头盔(便捷的居住空间),瓦尔特·皮希勒设计,1967 年

如同以前一样，维也纳在 50 年代末和整个 60 年代都还不是一个国际化的都市，而是一个被工厂的设计产品耗竭殆尽的小而沉重的社会。这种狭窄、压抑和粗鄙的体制必然引起激进分子的反抗。汉斯·霍莱因和瓦尔特·皮希勒虽然被独特的科技技术所吸引，但还是要面对来自商业化和机械化设计环境的讽刺和批评。他们个人以及合作的作品体现了他们对于科技设计手段的迷恋和狂想，也折射出他们在情感和肌体需求上的压抑。豪斯－鲁克尔、蓝天组、Zünd-Up 集团和海因茨·弗兰克也都通过一些诗歌般有意味的概念和方案追随着霍莱因和皮希勒，这场被称为"奥地利现象"的运动与当时英格兰和意大利激进的建筑设计形势有共通之处。自从维也纳艺术工作室时代的到来，以及像约瑟夫·霍夫曼、约瑟夫·弗兰克、阿道夫·路斯等一批建筑师出现后，最初的一段时间里，维也纳还是能够吸引国际设计界的注意。汉斯·霍莱因，作为一名有着成功履历的建筑师，他为一些国际公司设计了一系列重要的作品。劳里德斯·奥特纳，豪斯－鲁克尔的始创者之一，作为家具制造商班尼的创意指导长达几十年。

弗里德里希·库尔恩特后来在慕尼黑教书，约翰内斯·施帕尔特和汉斯·霍莱因在维也纳应用艺术大学教书。沃尔夫·D·普里克斯作为应用艺术大学的建筑学教授，目前致力于切实的教育质量的提升。

这时的赫尔曼·切赫已经逐步完善了对历史与个人共生关系的慎重思考，通过他在 1970 年为克莱因斯咖啡完成的翻新设计，表现出了一种具有非常维也纳特色的装饰文化。切赫在他的家具设计中吸取了路斯和弗兰克的设计风格（在这之前，他曾和安娜－吕尔雅·普劳恩合作参考过他俩的设计手法），也是少数进一步发展维也纳家具艺

海德马里·莱特纳设计的椅子原型，1967 年

关于本书

术的设计师之一。不幸的是，海德马里·莱特纳设计的椅子 1967，虽然同样延续了这种传统，但只是保留了传统的一个片断。直到最近重新生产后，才终于在 2002 年意大利乌迪内的"椅子和桌子制造商协会"（Promosedia）举办的国际座椅展览上赢得了人们的赞誉。

1980～2005 年

作为首都的维也纳和奥地利其他城市总是不同的，虽然在建筑、设计和艺术方面才华横溢的精英们主要集中在维也纳，但是主要的产品基地、产业文化和公认最成功的工业设计地都在奥地利的西部。造成这种情况的部分原因是马歇尔计划框架下的货币分配优惠政策。阿希姆·施托尔茨和格拉德·基斯卡在策尔湖畔开始了保时捷的设计，在萨尔茨堡区开办了自己的办事处，并负责奥地利和国际上各子公司的发展。早期，传统的奥地利产业公司像 AKG、AVL 李斯特、弗罗纽斯、费舍尔、罗森鲍尔、施华洛世奇都已经认识到定位在国际化的设计水平和委托本国"第一流"的工业设计师对公司产品发展的重要性，比如定位在像克里斯蒂安·芬茨尔、马蒂亚斯·佩施克、詹姆斯·斯科恩、格哈德·霍伊弗莱尔、维尔纳·赫尔布尔、迪特马尔·瓦伦丁尼奇等人的产品设计水准。年轻的设计师和设计工作室，诸如 idukk、迈克尔·沙费尔、施皮里特设计中心、格雷格·保斯希茨、措伊格以及更多的工业设计团体在继续着这样的发展。

家具产业内部显著的进步是第 7 团队（Team 7）和 EWE 等年轻的公司与著名的维特曼、维斯纳·哈格尔、班尼公司共同推动的结果。相关的后起之秀还有胡斯尔、施米丁格莫杜尔、太阳广场（Sun Square）等公司，它们与年轻的设计师保持合作，占领了市场一定的份额，并从 20 世纪 90 年代初开始成功地打入欧洲。

20 世纪 80 年代，在设计方面自尊心的低落导致奥地利不得不以欧洲其他国家为风向标，维也纳应用艺术大学就主要聘请意大利设计师如阿莱斯安德罗·门迪尼、马里奥·贝利尼、埃特奥雷·佐特萨斯作为学校的客座教授。有趣的是，在那个设计热情高涨的年代里，被采纳的设计主要是出自一些艺术家之手,像奥斯瓦尔德·奥伯胡贝尔、弗朗茨·韦斯特、普林茨高／波德戈尔舍克、胡贝特·施马利克斯,尽管他们那时候并不知道,也没必要知道自己被看作是设计师。在林茨艺术大学,因为临近工厂,比起维也纳应用艺术大学,这里的学生们会更多地接受偏重实际应用的教育。在1980年林茨设计博览会上,赫尔穆特·格索尔波特内尔和安吉拉·哈雷伊特从设计的角度提供了一个关于他们自身文化发展的情况分析,这对奥地利来说是独一无二的,也是超越性的。这次展览之后不久出版了相关的文集《无形中的设计》(Design ist unsichtbar),里面收录了来自奥地利重量级设计师和建筑师的投稿,投稿中也有一些是工业界的重要人物,像巴聪·布罗克、卢修斯·布尔克哈特、弗朗科伊斯·布克哈特、阿莱斯安德罗、门迪尼、维克托·帕内克和迪特尔·拉姆斯。

仅从20世纪90年代以来,新的设计热潮便不断涌现。这种情况产生的背景是欧盟各成员国之间各种教育和居住机会的交叉,全新的、互联网架构起的信息社会,以及贯穿全球的文化交流。今天,年轻的设计师不再把自己局限在奥地利,而是追求更大空间的挑战和承认。Eoos、For Use和戈特弗里德·帕拉廷将他们的设计市场更主要定位在中欧,而不仅是奥地利,从他们职业生涯的开始便为著名的德国和意大利制造商工作。其他设计实体,像"移动的椅子",有意识地选择维也纳作为他们的基地,并把这个城市看作是融历史运动和当代影响于一体的令人兴奋的交汇点。还有一些设计师像格奥尔格·巴尔德勒和马丁诺·甘佩尔,他们在维也纳受教育,却跑去伦敦工作,从而逃避那时仍很明显的市场萎缩。

最近的一代像波尔卡、塞巴斯蒂安·门施霍恩、

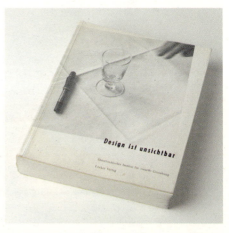

林茨设计博览会汇编文集《无形中的设计》,1980年

关于本书

露西·D、索达、爱维森设计和 bkm 等公司都更愿意将明显带有奥地利特色的设计公开上市,他们没有把历史当作负担,而是通过自身的努力面对新的挑战,同时根据国际情况进行设计调整。在他们之前,只有很少一部分人在这么做,现在的趋势则是在这些少数人的基础上不断地扩展。同时,当维也纳应用艺术大学和林茨艺术大学开始在业已确定的教学科目中增补新内容时,其他高校,像格拉茨的约阿内高等专业学院和圣·帕尔滕高等专业学院,也将用他们的新科目来吸引人们的注意。

奥地利的设计不会留恋过去平静而又多产的历史,也不会靠今天该国国内虚假热闹的姿态来赢得自信,而是要源于个体的活力和创造力。设计历史的形成有多方面,可喻为成形于缓慢的变化,中断于火山喷发般的突变,而所有改变的轮回,就像那周期干旱的大地和枯竭的河流,都需扎根于那不变的富饶的土壤:轮回中的异质和矛盾立场,徘徊在东西方之间、过去和现代之间、普通和卓越之间、墨守陈规和极端激进之间,这些场景都被收录到了这本《奥地利设计百年》之中。

电影《I 机器人》里面所用的奥迪 RSQ,格拉茨约阿内高等专业学院的毕业生尤利娅·赫尼希及整个奥迪设计团队设计

编年词典 81

维也纳索涅特
(Thonet Vienna)

以索涅特兄弟（迈克尔·索涅特和他的孩子们）命名的家具厂成立于1853年；于1855年获准开办工厂，一年后曲线实木家具的生产获得专利；1859年从第14号椅子的出现开始发展起，大约在1900年拥有了7家工厂和6000名员工，1921年转型成为一家公司。1922年，他与穆杜斯（Mundus）公司合并成为当时世界上最大的家具制造商。今天，维也纳的索涅特兄弟已经成为意大利的波尔托那·弗劳集团（Poltrona Frau）的旗下产业。

产业化、贸易自由化和运输通道的发展都是索涅特家具商业中心成功的基础。在世界上主要大都市经历着飞速发展的时代，公司的创始人迈克尔·索涅特（于1842年从莱茵河畔的博帕德移居到维也纳）意识到了廉价的成品家具的市场需求。从1859年至1871年的短暂十几年，索涅特凭借着工厂临近于原材料供应商，从而组织了严格的配发和销售系统，使成品家具的产业化生产日臻完善。在19世纪下半叶，索涅特开始弯曲实木的试验。1859年，索涅特创造出生活用曲木家具的第一个原型：第14号椅子。经济、轻质、稳固，并且只由六个独立构件组装而成——这就是迈克尔·索涅特的想像力和天赋，通过一种浓缩的形式表现了出来。14号椅子同样也是销售量最高的成品曲木家具。创新方面还有产品生产的标准化以及构件之间的可交换性设计，这也使得家具的维修变得更加便利。1869年，索涅特放弃了他们的专利权，并由雅各布 & 约瑟夫·卡恩开始经营。在 J. & J. 卡恩的倡导下，建筑师们开始参与家具设计。约瑟夫·霍夫曼的学生古斯塔夫·西格尔，成为卡恩的固定设计师。当时的一些名人如阿道夫·路斯，奥托·瓦格纳，约瑟夫·霍夫曼和约瑟夫·弗兰克也将他们的家具设计委托卡恩和索涅特来制作。直到1922年，通过合并产生了索涅特-穆杜斯公司，这一转变使得产品在多样性上作出了重要的调整。30年代，索涅特-穆杜斯公司受国际现代主义思潮的影响，开始生产钢管家具。1976年，公司最终被分为弗兰肯贝格索涅特兄弟公司和维也纳索涅特兄弟公司。60年代，维也纳的公司开始和建筑师罗兰·赖纳、卡尔·施万策、恩斯特·贝拉内克合作，设计可折叠椅子"托恩多"（Thondo, 1980）和托诺斯（Thonos, 1993）。1993年，赫尔曼·切赫为MAK咖啡馆研发了椅子。今天的维也纳索涅特公司属于波尔托那·弗劳集团所有。

左图：索涅特公司设计的模型（Modell）椅子14号，从1859年生产至今。
右图：A822F号椅子——维也纳制造联盟展览上茶沙龙所用的扶手椅，约瑟夫·霍夫曼为索涅特公司设计，1930年

奥托·瓦格纳
(Otto Wagner)

1841年出生于维也纳,在维也纳美术学院和柏林皇家建筑学院(皇家技术学院,今天的柏林工业大学)学习建筑。在维也纳的重要建筑作品有1894～1900年的城市铁路;1896～1899年的多瑙河码头设计;1898年修建的左维也纳河畔大道住宅楼;1902年的时代纸业电报局;1902～1904年斯滕霍夫的圣利奥波德教堂;1903～1912年的行政管理大楼;1909～1911年位于诺伊施蒂夫特街/德布勒街(Neustiftgasse/Döblergasse)的住宅群。1894～1915年,他还担任维也纳美术学院的建筑学教授。1918年逝世于维也纳。

奥托·瓦格纳在社会变革和工艺革新上的兴趣,使他成为现代化时期的开拓者。瓦格纳划时代的著作《现代建筑》在1896年出版。他所针对的如何去发展建筑实用性形式的问题,书中给出了这样的解决方案,即并非如革命一般将过去全部推翻,而是一种循序渐进的演化。他的论文以一系列表达明确的设计做法将上述观点阐述清楚,对于以目的、材料的使用及结构为初始点去发现逻辑形式(如果遵从恰当的次序,设计的最终结果将体现这种逻辑形式)来说,这种设计做法是十分必要的。奥托·瓦格纳的大部分住宅设计中,他既是业主又是建筑师,这也给瓦格纳提供了实现自己现代生活理想模式的可能。瓦格纳还为自己及家族的好几栋房子进行装饰布置,他公开发表这些室内设计,并不断地记录他的现代生活发展观。很著名的是位于克斯特勒街(Köstlergasse)/左维也纳河畔大道住宅中的玻璃浴缸,在这儿他的设计让家具的使用性退居二线。这个几乎称不上有任何舒适性的浴缸,成为新时代里健康卫生的一种符号。作为维也纳城市铁路、时代纸业电报局和邮政储蓄银行的建筑师,瓦格纳也完全能够基于经济和实用的考虑来设计公共空间,室内家具小品延续了这点,特别是在邮政储蓄银行里,充分体现了他对于现代社会工业产品的远见和理解。邮政储蓄银行的家具,由J.&J.卡恩和索涅特制造,家具设计都基于模数标准,通过使用不同的材料和色彩来区分等级。奥托·瓦格纳还在维也纳艺术学院教书,他的很多学生都深受"瓦格纳学派"的影响而成为著名的建筑师,例如:马克斯·法比安尼、鲁道夫·迈克尔·申德耶尔、约瑟夫·霍夫曼、约瑟夫·玛丽亚·奥尔布里希、弗朗茨和赫伯特·格斯纳、约瑟夫·普勒尼克以及卡尔·埃恩。

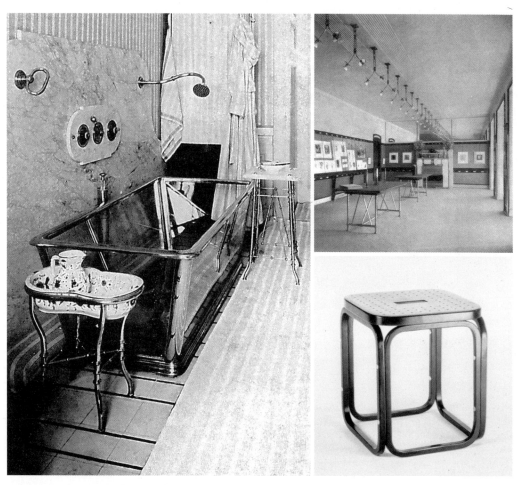

左图：奥托·瓦格纳公寓的浴室，克斯特勒街3号，奥托·瓦格纳设计，1898/99年。
右上图：时代纸业电报局的夹层展厅，奥托·瓦格纳设计，1902年。
右下图：维也纳邮政储蓄银行的凳子，奥托·瓦格纳和J. & J·卡恩设计，1906年

阿道夫·路斯
(Adolt Loos)

1870年出生于摩拉维亚地区的布尔诺（现捷克共和国的布尔诺市）；曾在北波希米亚的皇家行政管理商业学校以及德累斯顿工业大学学习；1893～1896年在美国居住生活。在维也纳的重要工程有：1899年的咖啡博物馆；1908年的卡特纳酒吧；1909～1911年在圣米歇尔广场的哈斯大楼。1921～1924年任维也纳市政府首席建筑师，期间与玛格丽特·许特－利霍茨尔基合作。他于1924年移居巴黎；1926年设计了达达主义者特里斯坦·查拉的住宅。1927年又回到维也纳，1927～1928年设计了莫勒住宅，以及1928～1930年的布拉格穆勒别墅。1933年在维也纳去世。

阿道夫·路斯是一个才华横溢且不安分的批评家和辩论者；现在看来，他作为现代主义引导者之一在当代所具有的地位是毫无争议的。作为一名著作等身的建筑师，他那些尖锐的批评和高深的论述既为其四面树敌，也使他交友良多。路斯是一名受过很高教育的建筑师，同时在美国的经历也深深地影响了他，这些都使他在时代发展的潮流中能够持有一个独立且国际化的视野。路斯著作中的要旨并且一以贯之的理念就是对于个人、品质、经济以及绝对真实的尊重。路斯对于个人的欣赏主要表现在他的室内设计中，他把自己描述为一个室内设计的导师，而不仅仅是家具陈设的改革者。在外部，建筑外观比例严谨无装饰，而室内则气派华丽。对于路斯来说，品质也就是对传统样式的认可，所以他经常使用齐本德尔式家具，古典的俱乐部扶手椅以及三条腿的埃及凳子；即设计的问题已经解决，不需要再获得新的形式。形式只因事物的生命而存在；对于生命而言，路斯关注更多的是新的态度而非新的形式。在1908年的文章《装饰与罪恶》中，他清楚地阐明了自己的观点，即装饰的应用可以反映一种文化的演进情况。其实在他早期的设计生涯中，相对于介绍他那著名的故乡和城市游览来说，路斯意识到他的设计意图与特征无法在图片这种表达形式里充分调和。作为对传统工匠和以工匠的角度去理解材料和形式的捍卫者，作为一名艺术和手工艺的批评家，路斯公开带头与约瑟夫·霍夫曼、维也纳艺术工作室以及所有给人强烈冲击的合成艺术品展开辩论。路斯一生从来没有受聘为教授，但他在自己私立的建筑学校，以一名教师的身份实践着自己的技能，紧张的社会环境迫使路斯晚年在疗养院里度过余生。

左图：阿道夫·路斯设计的树枝形装饰吊灯，1910年。
右上图：阿道夫·路斯设计的一套平底玻璃杯具，洛布迈尔公司产品，1929～1931年。
右下图：阿道夫·路斯为咖啡博物馆设计的椅子，索涅特公司产品，1899年

维也纳艺术工作室
(Wiener Werkstätte)

1903 年,由约瑟夫·霍夫曼,科洛曼·莫瑟和弗里茨·韦恩德费尔成立;完成项目有:1904 年的普克尔多夫(Purkersdorf)疗养院室内设计;1907 年,维也纳城壕街销售处入口设计和蝙蝠(Fledermaus)酒店室内装修设计;1908 年,莫瑟别墅;1911 年,工作内容扩展到了时尚设计,这也成为工作室最成功的分支之一;1914 年,第一次财政危机使得弗里茨·韦恩德费尔不得不离开,同年工作室参加了维也纳制造联盟在科隆的展览;1915 年,达戈贝特·佩歇尔加入;1917 年,苏黎世的维也纳艺术工作室股份公司(WWAG)成立;1922~1923 年,约瑟夫·乌尔班主持工作室在纽约的分部;1926 年的破产事件导致苏黎世的 WWAG 关闭;1929 年,进一步的重组计划并没有避免失败,从而导致其股市的崩盘。1932 年,维也纳艺术工作室被清算结束。

维也纳艺术工作室产生于 20 世纪早期,艺术及遍及欧洲的现代主义的出现为设计指引了的新的方向:即设计师要克服历史决定论,所有的艺术都应是统一的。工业化和新的消费方式的出现促使设计作出改变。两种模式同步发展:一方面是工业产品、大量消费性商品的艺术设计——例如彼得·贝伦斯和 AEG 公司的合作;另一方面,奢华手工艺术品的设计也联合了艺术家与技工,比如英国的工艺美术运动和维也纳艺术工作室。于是,维也纳艺术工作室与其顾主和赞助人——慷慨的中产阶级上层知识分子建立了紧密的联系。目标就是改善生活中的各个方面并使其高度地艺术化。所有的展览以及印刷材料甚至到外包装都是经特意设计的,工作室作为一个"品牌"的成功定位是非比寻常的。然而,在日用品设计上,无论工作室多么专注于展示一个新的生活方式的舞台,却仍然没有取得持久的商业性成功。这不仅归咎于工作室自身的管理疏漏,也是因为当时的政治经济局势所迫。尽管如此,维也纳艺术工作室在捷克小镇卡尔斯巴德、柏林、纽约和苏黎世还有分部,经营有金属加工车间、制陶车间、装订车间、木工场、油漆场、纺织车间,在工作室后期,这些分部也能直接接受主要客户的委托,完成设计。继承工作室事业的是一群艺术家,如古德龙·鲍迪施、玛蒂尔德·弗勒格尔、约瑟夫·弗兰克、希尔德·耶瑟尔、达戈贝特·佩歇尔、迈克尔·波沃尔尼、奥托·普鲁彻、爱德华·约瑟夫·维默尔-维斯格里尔和瓦利·维泽尔蒂尔。尽管一些新的投资者努力挽救,工作室还是在 1931 年底停止了产品设计,并于 1932 年清算解体。

图示为维也纳艺术工作室产品:
上图:约瑟夫·霍夫曼设计的一套咖啡具,1928 年;**下图左**:丘比特的秋天,迈克尔·波沃尔尼设计,1907 年;
下图中:桌灯,约瑟夫·弗兰克设计,1919 年;**下图右**:贝尔塔·韦恩多尔费尔的办公柜,科洛曼·莫瑟设计,1903/04 年

约瑟夫·霍夫曼
(Josef Hoffmann)

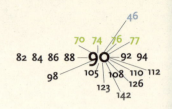

约瑟夫·霍夫曼1870年出生在皮尔尼茨（今捷克摩拉维亚地区的Brtnice），在维也纳美术学院师从于奥托·瓦格纳学习建筑；1899～1935年在维也纳艺术工商学校担任教授。1956年在维也纳去世。

约瑟夫·霍夫曼致力于发展一种新型的、知识型的艺术运动，这一点在成立维也纳分离派、维也纳艺术工作室以及德国和维也纳制造联盟的时候表现得十分明显。霍夫曼在得到他终生可信赖的业主们，即那些慷慨投资于艺术设计的资本家们的支持后，他与同时代的人，如科洛·莫瑟、达戈贝特·佩歇尔、贝托尔德·勒夫勒、迈克尔·波沃尔尼以及更多的人进行了一种全新的反思，这种反思涉及与日用品、室内和建筑有关的设计业与制造业。作为一个艺术家，霍夫曼很少在建构自己的理论上投入精力，但是他多产的作品，已经在释放着对于形式全新的理解；他们通过对完美的合成艺术品、材料和对象的独立性的执着探索，展示了一种强烈的形式特征：在合成艺术品里，没有什么是遗漏的，也没有什么是多余的——其中的任何东西都值得鞠躬致敬。同时，霍夫曼也成功地游走于传统和现代之间。他感性且极致优雅的设计既充满了现代感，又很老练娴熟，将作品丰富的底蕴和设计师独特的理念同时展现。除了在维也纳大量的住宅别墅设计和从前王室的领地环境，约瑟夫·霍夫曼主要的设计工作是维也纳附近的普克斯多夫疗养院，布鲁塞尔的斯托克莱宫，1914年德意志制造联盟展览和1925年巴黎国际艺术装饰暨现代工业设计博览会的奥地利厅。霍夫曼还是维也纳艺术工作室的艺术总监，并与洛布迈尔和奥加滕公司保持合作。

约瑟夫·霍夫曼设计的一套玻璃器"布朗兹特"（Bronzit），洛布迈尔公司产品，1914年

91

左图：约瑟夫·霍夫曼设计的枝状灯台，维也纳艺术工作室产品，1912年。
右图：约瑟夫·霍夫曼为胡戈·科勒博士设计的乐谱架，维也纳艺术工作室产品，1906年

达戈贝特・佩歇尔
(Dagobert Peche)

1887生于圣米伽尔，在维也纳工业大学和维也纳美术学院学习；1911年起，与巴克豪森纺织公司和维也纳艺术工作室合作，1915年加入后者。1917～1919年，负责维也纳艺术工作室苏黎世分部。1923年在维也纳附近的默德灵逝世。

与大部分维也纳艺术工作室的艺术家或设计师不同，多年来佩歇尔被人们拒绝或忽视，因为他非凡的设计风格经常被形容为折中甚至是颓废的。他认为技术性思维与艺术敏感性是矛盾的，这也能解释在形式设计上他那自由手法从何而来。他认为只有在完善功能的基础上艺术才能自由发展，那时艺术家才有权利夸大形式，并且将其重新演绎，从而将发展成为装饰品。虽然佩歇尔的教育背景是建筑学，但他实际上想成为一个画家。佩歇尔受约瑟夫・霍夫曼之邀加入维也纳艺术工作室，这也使得佩歇尔对于建筑的冷漠完全释放，甚至以完全无视传统规则的方式来表达自我。虽然他在工作室的所有领域都工作过，但他基本上主要集中于纺织品和壁纸产品的设计，并都取得了商业上的成功。他的设计将一切都转变为漂浮、奢华且感官意识强烈的物体，而安逸这个主题在他的选材里也比比皆是。在佩歇尔手中，纸和锡可以变得像银和瓷器一样贵重。他以黑白元素瞬间解体一件家具的结构状态；用编织品和花边装饰沉重的橱柜，看起来像穿了一套衣服。尽管佩歇尔和约瑟夫・霍夫曼保持良好的亦师亦友的关系，他仍然会批评霍夫曼顽固的形式概念。他在1922年发表的评论文章《燃烧的灌木》，为我们去认识本已十分复杂的佩歇尔增加了一些有趣的理论性设想。

达戈贝特・佩歇尔设计的桌灯，维也纳艺术工作室，1921/22年

达戈贝特·佩歇尔为维也纳分离派 XLV 展览的接待处设计的独立式柜子，1913 年

奥地利制造联盟
(Austrian Werkbund)

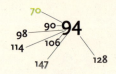

成立于 1913 年。1914 年在科隆举办制造联盟展览;主要的展览有:1930 年的奥地利制造联盟展览;1929～1932 年的维也纳的工厂联合会居住区;1932 年的物美价廉产品展。1934 年解散,同年,新奥地利制造联盟成立。

奥地利制造联盟(OWB)最早由约瑟夫·霍夫曼创立。在与艺术工商学校和皇家艺术及工业博物馆(即今天的 MAK 应用艺术暨当代艺术博物馆)的密切合作中,OWB 取得了进一步的发展,并为奥地利装饰艺术尤其是手工艺的传播作出了贡献。OWB 的首次亮相是在 1914 年的科隆,在一个主要的联盟展览上展示了传统的奥地利感官人造制品。第一次世界大战后,人们所信赖的社会秩序的崩溃,以及奥匈帝国经济和产业系统的联合明确了奥地利社会的进一步发展。真实的生活条件和机械化系列产品提出的挑战仅在有限的范围内被人们所承认和面对。即使 1928～1934 年 OWB 在约瑟夫·霍夫曼的领导下取得了更高的政治地位,与德国不同,维也纳(和奥地利作为一个整体)仍继续保持其独特的风格。相对于 1930～1932 年在斯图加特建设的魏森霍夫工厂联合会居住区,进一步确定了这种故意而为之的对立阵营的是维也纳的工厂联合会居住区项目(低成本住宅定居)及其精选的建筑师,从阿道夫·路斯到约瑟夫·霍夫曼和里夏德·诺伊特拉,从格里特·里特费尔德到胡戈·黑林,以及他们的建筑和室内设计。虽然制造联盟的个别成员,包括弗朗茨·舒斯特、恩斯特·利希特布劳(后来成为美国罗德岛设计学院的讲师),得到了这一"民主性项目"的委托,但联盟中的装饰艺术家们却没有获得委托许可,这种情况并不仅仅归因于政治形势的变化。1934 年,OWB 解体,并在主席克莱门斯·霍尔茨迈斯特和副主席约瑟夫·霍夫曼的领导下,作为"犹太教自由"联盟以新奥地利制造联盟的名字命名成立,许多原 OWB 的成员后来都被迫移民。奥斯瓦尔德·黑尔特是留下来并能够取得个人成功的惟一成员。举例来说,他为 1935 年布鲁塞尔世博会和 1937 年巴黎世博会设计的展厅,而没有屈服于嚣张的法西斯关于民间粗俗艺术(folksy earthy art)的命令。

95

左上图：约瑟夫·弗兰克／奥斯卡·施特纳德设计的长沙发，维也纳艺术展览场（Kunstschau），1927年。
左中图：奥地利制造联盟展览的旅游厅，恩斯特·利希特布劳设计，维也纳，1930年。
左下图：奥地利制造联盟展览的中央大厅，约瑟夫·霍夫曼设计，维也纳，1930年。
右图：奥地利制造联盟展览的展厅，科隆，1914年

罗森鲍尔
(Rosenbauer)

1866 年由林茨市的一个消防器材供应商约翰·罗森鲍尔创立；重要的产品有：1923 年，第一个便携式灭火泵——手抬泵；1950 年，成功研发生产高低压水泵和配套高压雾化水枪"精灵"（Nepiro）；1980 年，由克里斯蒂安·芬茨尔设计的机场专用消防车——"非洲雄狮"（Simba）；1991 年，同样由芬茨尔设计的机场专用消防车——"美洲豹"（Panther）8×8；由于技术变革和市场需求，"美洲豹"8×8 在 2005 年由施皮里特设计公司（Spirit Design）重新设计。

自从罗森鲍尔成立以来，他们始终关注于人们最畏惧的东西之一：火。罗森鲍尔的产品一直都有一个重要原则就是与科技挂钩，并且自 20 世纪 80 年代以来他与职业设计师们一直保持着合作关系。产品的实用性、功能性、速度和可靠性都是必需的，并且同样至关重要的是当设备启动的时候必须有明确的信号显示：在危机时刻，车辆和设备出现之始就必须马上进入消防状态。这种信号在以前是由消防员身上的服装反映，而今天则无需如此，例如"非洲雄狮"和"美洲豹"都有着引人注目的外型，容易被人们发现。消防车的应用寿命很长。正是因为设计师赋予了他们杰出的工艺及超越未来的设计，才使人们在世界各个角落都能看到罗森鲍尔的消防车。

左图：第一个便携式灭火泵，罗森鲍尔，1925 年。
右图：机场消防车——"非洲雄狮"，克里斯蒂安·芬茨尔设计，1980 年

家庭花园
(Haus und Garten)

1925年，起初作为一个家具店由约瑟夫·弗兰克和奥斯卡·弗拉赫在维也纳成立，直到1938年弗兰克移民至斯德哥尔摩，同年由J·T·卡尔马尔接管。1954～1958年艺术总监安娜－吕尔雅·普劳恩在弗兰克的理想上继续经营公司；1958年，卖给派尔·德科尔。

作为对合成艺术品和所谓家具组合概念的回应，约瑟夫·弗兰克和奥斯卡·弗拉赫成立了家庭花园家具公司。不同于维也纳保守的家具店，家庭花园为个人风格的设计提供了现代产品，这种风格——预示着匿名的混杂与家具设计的片断——都是基于个人过去的经历、需求和情绪而产生的。弗兰克和弗拉赫意识到他们平民化的设计理念能提供给消费者舒适、现代的家具和家居物品，这些产品通过多种生产车间加工而来。二战后，家庭花园在安娜－吕尔雅·普劳恩的经营下，生产出来的作品给维也纳室内设计师们带来了巨大的帮助。

左图：约瑟夫·弗兰克设计的椅子，家庭花园家具公司产品，1925年。
右图：安娜－吕尔雅·普劳恩在家庭花园家具店面前，维也纳，1950年

洛布迈尔
(Lobmeyr)

1823年,由老约瑟夫·洛布迈尔在维也纳创立;1902年,斯特凡·拉特和约瑟夫的侄子路德维希·洛布迈尔共同接管;1938年,汉斯·哈拉尔德·拉特继续经营管理;1968年,哈拉尔德、皮特和斯特凡·拉特共同管理。今天,与奥地利和捷克的玻璃厂合作,由安德烈亚斯和莱奥尼德·拉特管理。总部在维也纳。

洛布迈尔公司,创立于19世纪早期,他们精美奢华的手工艺玻璃制品反映了奥地利的设计史,也同时是其成就因素之一。洛布迈尔公司一直都在家族控制之下,在玻璃吹塑和精细加工方面以及树枝型装饰灯的设计领域他们都保持着领先地位。洛布迈尔对技术创新持有浓厚的兴趣,并尊重历史。斯特凡·拉特,第三代掌门人,认识到了设计中融入新潮艺术思想的必要性。他与维也纳艺术工作室的艺术家们合作,比如约瑟夫·霍夫曼、奥托·普鲁彻、迈克尔·波沃尔尼和瓦利·维泽尔蒂尔,他们给产品设计带来了必要的形式和纯装饰上的创新。洛布迈尔公司也成为奥地利制造联盟的创始者之一,其作品在最重要的制造联盟展览会中参展。1929~1931年与阿道夫·路斯一起设计了极少主义风格的大玻璃杯装置,表达了对现代设计的理解。有趣的是,大玻璃杯底部的"Steindlschliff"一词源于奥匈帝国时代,这个点子来自斯特凡·拉特;而起初,路斯是打算将动物和花朵的装饰图案赋予其上。树枝型装饰灯则完全是洛布迈尔公司自己的设计,例如由汉斯·哈拉尔德·拉特为纽约大都会歌剧院设计的树枝型灯具(met-luster),洛布迈尔也与其他的设计师合作,如奥斯瓦尔德·黑尔特(普鲁克尔咖啡馆的设计者)和卡尔·维茨曼。与奥斯瓦尔德·黑尔特的合作还创造出一些经典的艺术品,如"玻璃大使"(Ambassador)和"海军准将"(Commodore)玻璃系列作品。汉斯·哈拉尔德·拉特设计了阿尔法——一种灵感源于阿拉伯传统样式的简单玻璃装置。洛布迈尔公司直到今天都一直与设计师们保持着合作关系,例如马特·图恩,公司现在还与年轻的奥地利设计师和国际上的设计师合作:特德·米林、塞巴斯蒂安·门施-霍恩、戈特弗里德·帕拉廷和露西·D的芭芭拉·安布罗斯。目前,皮特·拉特还建立了实验室开发特别有趣的产品。基于已经掌握的知识,实验室给予年轻的设计师们难得的实验自由,这不单对设计师们是个机会,对洛布迈尔公司也同样如此。

图示为洛布迈尔公司产品：
左图：奥斯瓦尔德·黑尔特设计的一套玻璃器皿"玻璃大使"(Ambassador)，1925 年；
右上图：玻璃器套装"阿尔法"(Alpha)，汉斯·哈拉尔德·拉特设计，1952 年；
右下图：芭芭拉·安布罗斯（露西·D）设计的喝水玻璃杯"液态表皮"(Liquid Skin)，2001 年，纽约现代艺术博物馆永久收藏

玛格丽特·许特－利霍茨基
(Margarete Schütte-Lihotzky)

1897年，生于维也纳，是维也纳工商艺术学校学习建筑的第一位女性；从1920年开始参与维也纳住宅运动，与阿道夫·路斯及其他一些建筑师们一起工作。1926～1930年，在法兰克福的结构工程部供职；1927年，嫁给维也纳建筑师威廉·许特；1930～1940年分别在俄罗斯、法国和土耳其从事理论和实践活动，1940年，在她返回维也纳的短暂时日内，由于共产主义者和反抗斗士的身份被逮捕。战后停止工作，只作为中国、古巴和东德住宅设计的顾问。她晚年获得了许多荣誉。2000年，在维也纳逝世。

因为完全相信妇女在家庭外的职场打拼将会成为一个普遍现象，玛格丽特在她职业生涯的早期就已经通过合理的住房建筑寻找让家务劳动尽量轻松的解决途径。作为西里西亚的Landgesellschaft的技术主管，恩斯特·迈为了研究当地的居住行为而前往维也纳参观，利霍茨基抓住了这个机会向恩斯特·迈介绍自己有关家务活动体系合理化的研究成果。这些设计给恩斯特·迈留下了极其深刻的印象，他为这位年轻的女建筑师提供了一个展示自己的机会——在《头盔》(Das Schlesische Helm) 杂志上发表她的作品。作为法兰克福结构工程部的部长，迈致力于减少令人担忧的房屋建设缺陷。他基于标准化设计的原理，发展了住宅建筑概念，并且邀请利霍茨基和弗朗茨·舒斯特加入他的团队。1927年，迈分配利霍茨基设计一个标准化厨房的任务。由于利霍茨基对《新家务管理》一书(1913年出版于美国，1922年被翻译成德文)极感兴趣，并受所谓的泰勒主义(Taylorism)的影响，她使用秒表计时来求得解决家务琐事最有效的方法。她在"法兰克福厨房"中创造的具有开拓性设计产品，被安装在一万个以上的家庭厨房中，并且这种由内置厨房所引领的潮流在二战后重返欧洲家居设计市场。玛格丽特·许特－利霍茨基不但是最早活跃于社交场合的建筑师之一，还是奥地利共产主义者抵抗组织中惟一的幸存者。1941年，柏林人民法庭宣判她十五年有期徒刑，理由是叛国罪。1945年被美国人释放后，她重返维也纳但基本得不到公共的委托项目。后来，利霍茨基被授予各种奖项荣誉和一个荣誉博士头衔，由此才获得了她应有的公众认可。

玛格丽特·许特-利霍茨基设计的法兰克福标准化厨房,1927年

辛格-迪克尔工作室
(Atelier Singer-Dicker)

弗朗茨·辛格1896年生于维也纳；在维也纳的约翰内斯·伊顿私人艺术学校学习，之后进入魏玛的包豪斯；1925年返回维也纳，和弗里德尔·迪克尔合作开办工作室直到1930/31年；从1934年起居住于伦敦。1954年在柏林逝世。

弗里德尔·迪克尔1899年出生于维也纳，在图像教育研究所接受摄影和复制技术的培训，在维也纳，师从于约翰内斯·伊顿。之后进入魏玛的包豪斯学习，1923年回到维也纳，1934年遭到逮捕，移民至捷克共和国，1942年被驱逐至泰瑞辛犹太人区 (ghetto Theresienstadt)，1944年被遣送回奥斯维辛集中营，在毒气室中被杀害。

弗朗茨·辛格和弗里德尔·迪克尔没有参与阿道夫·路斯和约瑟夫·弗兰克关于保持维也纳的传统和发展现代主义的讨论。受训于包豪斯的他们在维也纳的两次世界大战之间一直保持局外人的身份，同时两人也被认为是站在时代前沿的建筑师。他们关注可折叠、可移动家具的设计进而创造出十分灵活的空间组合和应用，这种想法不但基于他们包豪斯教育背景中实用性空间的使用而引申出来的社会政治学概念，而且还来源于他们对于多变的，高技术含量的生活方式的需求。合作中，弗朗茨·辛格负责解决空间功能性等实际问题，弗里德尔·迪克尔则在颜色和材料的非传统和舒适性处理上发挥着他的优势，两人这种密切合作贯穿于所有的设计成品中。在完成教育并短时间逗留柏林后，他们又返回维也纳，并且合作开办工作室直到1931年。后来，弗朗茨·辛格于1934年移民伦敦，而且再也没有回到维也纳。弗里德尔·迪克尔受政治连累被迫移居布拉格，但是她在泰瑞辛犹太人区教孩子们绘画时的熟练技能却给她带来巨大的悲剧。1944年，弗里德尔·迪克尔被驱逐至奥斯维辛集中营。作为工作室的合作人，辛格-迪克尔从没有苟同于任何一个教条，同时，他们在室内设计和格式塔完形原理上一直持有着强硬且激进的态度。

黑里特（Heriot）住宅的二层起居室，开放的楼梯通往屋顶平台，辛格-迪克尔工作室设计，1932/33年

103

左图：辛格-迪克尔工作室设计的"自助餐柜台内的扶手椅子组"海报，1927年。
右上图：可折叠的胶合板椅子——嵌套式木质椅，弗朗茨·辛格设计，1934年。
右下图：可折叠的钢管椅"V-typ"，辛格-迪克尔工作室设计，1933年

奥地利设计
(Design Austria)

作为奥地利商业画家协会，成立于1927年。1939年被德国文化议院并吞并取缔；1945年重新开业；繁荣于20世纪四五十年代。奥地利设计（DA）是今天奥地利最悠久且惟一的职业和行业协会。

印刷商和设计师鲁道夫·冯·拉里施，奥地利现代先锋商业画家约瑟夫·宾德尔，后来在包豪斯的插图画家阿尔弗雷德·库宾和赫伯特·拜尔，还有许多其他国内和国际认可的设计师们资助成立了奥地利设计行业职业协会，最初命名为BÖG，后来改称GDA。今天，DA的成员仍然包括一些有名望的设计师，如斯特凡·扎格迈斯特、F·A·波尔舍和亨利·施泰纳。20世纪80年代，协会表现出国际性发展的趋势并更名为奥地利图像设计（GDA）。现代网络在设计领域的发展促使协会进一步重组和扩充，人们逐渐认识到产品设计师和数码设计师，特别是网络设计师，应该被协会所接纳，这种变化使得协会在1992年更名为奥地利设计（DA）。随着奥地利模型研究所（Österreichisches Institut für Formgebung）在1998年的倒闭，奥地利设计成为现在惟一的设计行业职业联合协会，其业务包含了从图形设计到插图设计，从纺织、产品直到网页设计的所有部门。DA目前有超过1000名成员，大部分独立性工作，都是由作为自由设计师的成员们设计完成的。DA除了给个体成员进行一系列主题咨询——从成立自己的公司到法律建议，同时还提供一些基础信息。这些主要是通过他们自己的出版物实现的，例如，为了对那些工作委托商表示礼貌而出版的图书——《货品指南》和《竞赛指南》。所提供的有用信息还附有特殊部门的培训和进一步深造的内容：DA组织国外的讲演者和游学者作一系列的演讲及研讨。同时，DA与下奥地利的瑞芬森银行/中央合作银行（Raiffeisenbank Niederösterreich-Wien AG）、联邦贸易劳务部、联邦总署联合颁发两年一度的阿道夫·路斯国家设计奖。协会组织竞赛和设计促进，以及围绕这方面计划的国际展览。

蓓森多芙
(Bösendorfer)

由伊格纳茨·蓓森多芙在1828年创建;从1830年承包了皇宫和所有王室的钢琴;1859年路德维希·蓓森多芙接管,并大幅度提高产品的质量以获取更好的国际声誉;1909年公司被卖给卡尔·胡特尔·施特拉塞尔;1966年卖给阿诺尔德·F. 哈比希。从2002年至今,蓓森多芙属于巴瓦格银行集团的产业。

蓓森多芙是维也纳钢琴制造传统的最杰出代表。所有从维也纳蓓森多芙公司总部制造出的钢琴都是大师级手工艺人的伟大杰作,这些人的手艺代代传承。蓓森多芙的豪华钢琴出现在世界上所有著名的音乐殿堂上,而且也广泛用于教学和家庭练习。在长期努力坚持"保护传统、跨越国界"的方针下,蓓森多芙的钢琴产品除了标准成品模式外,还有从很多杰出的设计师和设计公司的笔下诞生的个性化钢琴。"设计师们的个性化钢琴"是由像约瑟夫·霍夫曼、约瑟夫·弗兰克、汉斯·霍莱恩、施华洛世奇和"保时捷设计"(Porsche Design)等设计大师们创造出的杰作。

左图:蓓森多芙钢琴,约瑟夫·弗兰克设计,1928年。
右图:蓓森多芙钢琴,"保时捷设计"创作,2003年

恩斯特·A·普利施克
(Ernst A. Plischke)

1903年出生在维也纳附近的克洛斯特新堡；在维也纳艺术工商学校学习，随后在维也纳美术学院学习建筑，师从于彼得·贝伦斯。1929年成为奥地利制造联盟的成员，旅居纽约大概一年。重要的工程有：1928年的卢齐厄和汉斯·里住宅改造；1930～1931年的维也纳劳动局；1931～1932年，维也纳工厂联合会住宅区的半独立式联体住宅；1933～1934年，阿特湖畔的加默里特住宅。1939年，移民新西兰；公共和私人的委托项目包括梅西办公大楼和萨克住宅；1963年，返回维也纳，担任维也纳美术学院教授和院长直到1973年。1992年，在维也纳去世。

恩斯特·普利施克深受约瑟夫·弗兰克和勒·柯布西耶的影响，属于维也纳第二代现代主义建筑师。在受过木匠的实际训练后，他开始在艺术工商学校接受教育，之后在维也纳美术学院学习建筑。凭借完成卢齐厄和汉斯·里住宅的改造设计，普利施克得以开办自己的工作室。在他大量的室内设计中，他始终认为平面是影响使用者生活质量的设计焦点。普利施克是一名现代的、开放的空间设计大师，他的作品使建筑和周边环境融为一体。位于上奥地利阿特湖畔的维也纳-利斯劳动局和加默里特住宅设计就是奥地利现代主义建筑的主要典范。国际上的宣传和评论，使得他的事业第一次达到了一个高峰。在1939年奥地利被纳粹德国吞噬后，各州几乎没有设计委托的情况下，恩斯特和安娜·普利施克移民到了新西兰。在海外的24年时间里，普利施克诗意的现代主义风格在他设计的住宅方案中体现得淋漓尽致。1963年，他重返维也纳，作为维也纳美术学院的教授直到1973年。路易吉·布劳、赫尔曼·切赫和瓦尔特·施特尔茨·哈默都是普利施克的得意门生。

卢齐厄和汉斯·里 (Lucie and Hans Rie) 住宅，恩斯特·A·普利施克设计，1928年

107

图示为恩斯特 · A · 普利施克设计作品：
上图：阿特湖畔的加默里特住宅，1934 年；
左下图：汉斯 · 里住宅的"卡纳蝶"（Kanadier）椅子，维也纳，1928 年；
右下图：奥地利制造联盟方案中双家庭住宅的一层起居室，维也纳，1932 年

奥加滕
(Augarten)

1924年，奥地利政府以维也纳陶瓷制造奥加滕股份公司（wiener Porzellanfabrik Augarten A.G）的名称成立，"目的就是国家瓷器制造厂的更新和延续"，后来更名为维也纳陶瓷加工奥加滕公司（Wiener Porzellan—manufaktur Augarten）。自从奥加滕陶瓷宫殿（Schloss Augarten）确立以来，这家私人公司因与维也纳艺术工作室的多位成员合作而出名，制造出了维也纳瓷器工厂传统的装饰图案，以及餐具和雕塑系列。今天，公司继续与当代设计师合作。2003年公司申请破产，自2004年起属格罗斯尼格（Grossnig）集团所有。

在维也纳，瓷器制造业的传统基础是卡尔六世国王授予奥地利帝国大臣杜·帕其业（Claudius Innocentius du Paquier）的特权，即他是惟一拥有在奥地利境内制造加工瓷器的权利的人，这种权利从1718年直到1744年。1744年，国家接管了他的制造场并且在二十年后将其解散。1924年，维也纳瓷器制造厂在奥加滕城堡内开工，他们专注于瓷器制造业的长久历史，以及传统的装饰，图案还有艺术雕像的制作；同时，他们提供报酬给合作的艺术家如约瑟夫·霍夫曼、迈克尔·波沃尔尼、奥托·普鲁彻、瓦利·维迪泽蒂尔、埃纳·罗滕贝格、布赫尔以及弗朗茨·齐洛。就像洛布迈尔一样，奥加滕开始变成了维也纳艺术和工艺的媒介及推动者。大约1930年，约瑟夫·霍夫曼的瓜皮帽（Melone）瓷具系列闻名于世。1929年迈克尔·波沃尔尼设计的奥珀斯（Opus）瓷具不仅被看作是装饰主义（Art Deco）风格的作品，同时也是简朴而清透的，直到今天仍然耐用。乌尔苏拉·克拉斯曼，她是黑尔特的学生，也是奥加滕从1955~1985年固定的设计师，设计的带有图案的装饰性花瓶从一开始出现至今都是维也纳保险公司的形象礼品。从20世纪50年代起，奥加滕的设计更集中在系列产品上直至破产，并在2003年由私人接管。与公司的传统相一致，今天的公司依然是与设计师保持着合作。举例来说，戈特弗里德·帕拉廷设计的瓦里奥（Vario）花瓶从2004年开始一直以相同的样式生产着，同样形式的玻璃器皿，则是由洛布迈尔生产。奥加滕瓷器是典型的维也纳文化商品。收藏品的逐渐革新拉开了这家传统公司重新定位的序幕，他们高质量的瓷器，精美的乳白色半透明胎体，从奥地利的瓷器制造业之始就被这个国家的人们所喜爱着。

图示为奥加滕公司产品：
左上图：迈克尔·波沃尔尼设计的奥珀斯（Opus）瓷具，1929年；
左下图：瓜皮帽瓷具系列，约瑟夫·霍夫曼设计，1930年；
右上图：花瓶，乌尔苏拉·克拉斯曼为花瓶设计图案，1960年；
右下图：戈特弗里德·帕拉廷设计的瓦里奥花瓶，赫塔·布赫尔绘制图案，2005年

费德里科·贝尔茨维齐-帕拉维齐尼
(Federico Berzeviczy-Pallavicini)

1909年生于瑞士的洛桑；在维也纳艺术工商学校学习；1932～1938年，维也纳德梅尔糖果店的设计师；舞台设计师，瓷器制造商奥加滕·波尔策尔兰的设计师；1938年移民意大利；从1945年开始作为艺术总监和室内设计师活跃于美国；1965年接管并重新设计德梅尔。1989年在纽约逝世。

作为哈普斯堡皇室后裔，年轻的巴龙·贝尔茨维齐-帕拉维齐尼在第一次世界大战后面临着全新的处境，不但贵族特权被废除，而且他的父亲也丧失了整个家族的全部财产。在叔叔的建议下，他16岁进入维也纳艺术工商学校，首先学习绘画和格式塔完形理论，后来也接触时尚设计。早在1929年，他便有机会在艺术工商学校的一次展览上设计了"夫人的闺房"(Boudoir einer Dame)，从1931年起，贝尔茨维齐和他人合作为约瑟夫·弗兰克的家庭花园家具公司设计材料和蕾丝花边。在1932年的"空间和时尚"(Raum und Mode)展览会上，贝尔茨维齐设计了三个样板间，其奢华的形式语言以及对于材料和色彩的精挑细选都给观众留下了深刻的印象，使其成为维也纳文化圈中的公众人物。同一年，约瑟夫·霍夫曼欣喜地称年轻的贝尔茨维齐为"最后的浪漫派"，并支付固定的工资聘请他为小糖果做包装设计，同时任命他为位于维也纳旧城区科玛克大街上德梅尔糖果店的包装纸设计师。在德梅尔的营业厅装修中，他采用具有中国艺术风格的装饰手法，营造出了一个优雅而魔幻般的童话世界。1936年，他与德梅尔的拥有者安娜·德梅尔的侄女克拉拉·德梅尔结婚。贝尔茨维齐坚决抵制纳粹政权，1938年他离开了奥地利，在意大利生活了十余年后于1949年移居纽约，在那里他担任杂志封面的设计师达六年，并创立了《Flair》杂志，从1955～1956年还担任伊丽莎白·雅顿和赫莲娜·鲁宾斯坦的艺术总监。1965年克拉拉去世后，贝尔茨维齐承接了德梅尔的经营权，他那精美别致的橱窗装修设计震撼了每一位来宾和所有的路人，这个"街道边的剧场"极具个性风格，又充满了诗意，复杂而精巧，而且经常表现出一种机智和讽刺的格调，从而成为维也纳城市中独特的风景。由于受到德梅尔客户逐渐单一化的困扰，贝尔茨维齐最终在1972年卖掉了这个家族企业，并返回纽约继续他的建筑师和艺术家生涯，直至终老。

111

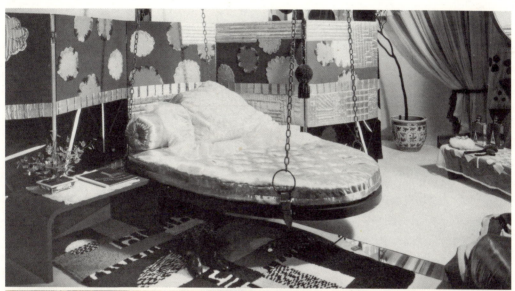

上图:"夫人的闺房",费德里科·贝尔茨维齐-帕拉维齐尼设计,1929年。
左下图、右下图:费德里科·贝尔茨维齐-帕拉维齐尼为德梅尔糖果宫殿所做的橱窗设计,1965年

弗朗茨·舒斯特
(Franz Schuster)

1892 年生于维也纳,在维也纳艺术工商学校学习建筑,在维也纳和法兰克福以建筑师和教师从业,1937 年被维也纳艺术工商学校聘为教授,后又受聘于维也纳应用艺术学院教建筑学直至 1967 年。1972 年在维也纳逝世。

弗朗茨·舒斯特的设计作品和出版著作都是基于他对社会的强烈责任感而产生的。相应地,他的主要目标就是为社会弱势群体提供高质量的生活环境。受其老师海因里希·特斯诺的影响,舒斯特坚信花园城市将成为未来生活的理想模式,并不断追求这一目标。从 1923~1925 年,他成为奥地利低收入人群的住宅和花园分配协会的首席建筑师,并有机会接管维也纳主要社区的建设任务。从 1926 年起,他接手了《建造》(Der Aufbau) 杂志的编辑任务。1927 年,他应恩斯特·迈之邀来到法兰克福,和玛格丽特·许特－利霍茨基一起规划"新法兰克福"方案。舒斯特主要精力转向了能适应各种大小不同空间的组合家具设计。在 1929 年的一本介绍家具的书 (Ein Möbelbuch) 中,他发表了他的标准化家具 (Aufbaumöbel) 设计,以极小的基本模式为基础,创造出百余种不同形式的家具组合。1937 年,他作为约瑟夫·霍夫曼的继任者受聘于维也纳艺术工商学院教授建筑学。战后,舒斯特又再次参与住宅建设,在 SW 家具运动中也有很大的影响。

标准化家具,弗朗茨·舒斯特,1929 年

斗牛士
(Matador)

1901年，约翰·科布利为自己发明的木制玩具系列申请了专利。1903年投入生产并以"斗牛士"的名字进行销售。1919年，发明者的儿子接管企业；1978年，工厂出售；1987年，关闭。1996年，迈克尔·托比亚斯重新开始运营工厂。

很多三十岁以上的人都是跟"斗牛士"一起长大的。这传奇般的构件型玩具是由不同长度的木块和支架，以及用来连接二者的各种杆件所组成，它蕴含多种设计可能性而且不断挑战孩子们的结构思维和机械知识。那些特殊的构件，比如轮子，可以激发孩子们探索建造可移动体系。除了能组合成模数化体系的标准组件，"斗牛士"能够成为重要的智力开发型玩具，还主要归因于它的材料、木质（奥地利榉木）和亮丽的基本色。约翰·科布利在为他那些年幼的儿子们发明了木质玩具后，在1901年以"斗牛士"的名字注册了专利。科布利是一个商人家庭里十八个孩子中的第七个，后来成为维也纳的几何学家和格拉茨的城堡山索道电缆车的工程项目经理。科布利在获得营业执照后的经营并不成功，所以他开始在普法夫施塔滕（Pfaffstätten）市生产和销售。科布利去世以后，他的儿子约翰·尤利乌斯和鲁道夫继续经营。在第二次世界大战期间，工厂被用于生产雷管炸药箱。1946年，售出了战后第一批"斗牛士"玩具系列。1973年，公司还有60名员工。但在70年代末期，塑料玩具涌入市场，"斗牛士"时代似乎是已经结束。1978年，工厂被卖掉并在9年后的1987年停止生产。1996年，迈克尔·托比亚斯重新经营"斗牛士"，他的努力得到了回报。今天，"斗牛士"又开始出口到全世界，再次被孩子和大人们所喜爱。

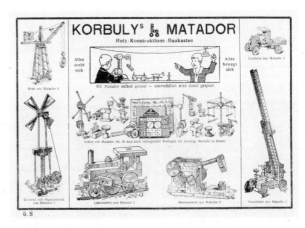

"斗牛士"广告，1930年

约瑟夫·弗兰克
(Josef Frank)

1885年生于维也纳附近的巴登,在维也纳工业大学学习建筑。重要的作品有:1923～1924年的维登霍费尔-霍夫(Wiedenhofer-Hof)和维纳斯基-霍夫(Winarsky-Hof)公共住宅项目;1926～1927年的斯图加特的魏森霍夫集群建筑设计;1929～1930年与奥斯卡·弗拉赫合作为贝尔家族设计住宅;1934年移民到瑞典;1941～1946居住在纽约;之后又返回瑞典。1967年在斯德哥尔摩去世。

早在年轻的时候,约瑟夫·弗兰克就对抗墨守陈规的内部设计教条。他表现出了一个自由主义者和多元主义者的态度,即要认可人的个性。作为一个理论家,他后来也参与批评了世界现代主义所谓优秀的"程式化品位",他坚持延续传统,并且欣赏那种能基于人类多样的生存环境而创造不同生活品质的设计精神。弗兰克的内部空间,安逸而又十分迷人,传达着他对于传统的追求。从1925年起,弗兰克开始作为一名建筑师在国际舞台上崭露头角,在完善单亲家庭的住宅设计中他表现出现代的、注重社会政治环境的建筑理念,而在住宅内部设计中却反映了完全不同的要求。弗兰克也因此作为惟一一名奥地利建筑师参加了国际建筑师大会(CIAM)以及1927年在斯图加特举行的魏森霍夫制造联盟博览会。作为奥地利制造联盟的执行官,他从1929～1932年一直负责维也纳的工厂联合会居住区。弗兰克那种非主流的生活信仰在家庭花园家具公司的现代家具设计中也得到了体现,家庭花园是他和奥斯卡·弗拉赫在1925年一起创办的家具设计公司。约瑟夫·弗兰克的社会民主党和犹太人身份,使得他成为了奥地利法西斯主义的受害者。从1932年开始,他不得不在斯德哥尔摩的斯文斯科·特恩公司工作。他于1934年起在斯德哥尔摩定居,二战期间又移居纽约。弗兰克被认为是瑞典设计领域的开拓者,尽管在他到那里之前已经存在着不张扬的家具设计文化。在弗兰克移民瑞典以后,就并不仅仅是单纯的建筑设计师了。晚年的弗兰克重塑了自己对实用主义的批评,并且完善了一个非主流的建筑观,称之为"偶然主义"(Accidentism)。基于他对实用主义的评论和综合建筑观念(他与维也纳学派也保持密切的关系),弗兰克的论断在对国际现代主义的种种批评中占有至关重要的地位。

115

维也纳制造联盟住宅方案,一层起居室,约瑟夫·弗兰克设计,家具为家庭花园公司的产品,维也纳,1932年

弗雷德里克·基斯勒
(Frederick Kiesler)

1890年生于切尔诺维兹教区（即布科维纳的切尔诺夫策，现属于乌克兰）；1908年移居到维也纳；在维也纳工业大学和应用艺术学院学习建筑；1926年移居纽约，1965年在纽约逝世。

弗雷德里克·基斯勒是一个建筑师、设计师、舞台设计师和艺术家，同时还是一个普遍主义者，一个梦想家。他还为自己撰写出版自传。在一个科技发展和大众消费转型的社会背景下，基斯勒设计出了一个跨学科的方式，通过这种方式他不但能融合多种艺术，还包括了从自然科学到心理学到哲学的各种思潮，这个方法的核心就是他的现实主义理论。科雷亚利斯姆（Correalism）这个词是表达的是一种动力学，一种存在于人类与自然、人与社会科技之间的持续性相互作用（弗雷德里克·基斯勒，1939年）。基于这种现实主义理论的研究项目在相关性设计实验室里得到了检验，这个实验室位于哥伦比亚建筑学校是由基斯勒所创立，检验的实际工程包括可移动的家庭图书馆（1938年）等。1924年在维也纳举办的国际现代剧院工艺博览会（Internationale Ausstellung neuer Theatertechnik）中的展厅设计，以及1925年巴黎世博会期间的剧院设计使他的才华得到了公认，并因此扬名于美国。虽然基斯勒把自己看作一个美国人，但实际上贯穿其生命历程的，是他一直在设计理念方面与欧洲同辈们针锋相对并由此不断追求着设计的真知。他在1935~1936年为默尔根蒂梅家族做室内设计期间，完成了聚会用的长沙发、躺椅和嵌套桌等。通过设计佩吉·古根海姆美术馆（1942年），基斯勒实现了自己在关于现代艺术展览和公众接纳程度上的理想。家具设计也进一步完善了这一点，如科雷亚利施蒂克工具（Correalistic Instrument）和科雷亚利施蒂克摇椅（Correalistic Rocker），都是他的多功能设计模式和他对"科雷亚利斯姆"所进行的理论性思考具体落实的成果。他与超现实主义的密切联系影响了后来的展览设计以及他自己的艺术作品，1965年，基斯勒在去世前不久，意识到他最伟大的建筑作品是与阿莫德·巴托斯合作设计的安放并展示关于死海卷宗（Dead Sea Scrolls）的卷轴神殿。魏特曼家具制造公司目前正在重新生产基斯勒的家具设计精品。

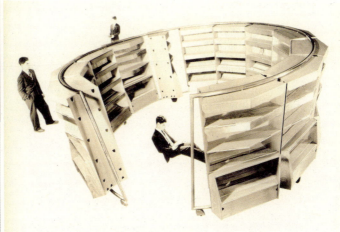

图示为弗雷德里克·基斯勒的设计作品：
左上图：新陈代谢图表（Metabolism Chart），1947年；
右上图：可移动的家庭图书馆，1938年；
左下图：（Correalistic Instrument），1942年，现在的样式是魏特曼家具制造公司的产品；
右下图：聚会用的长沙发，1935～1936年，现在的样式是魏特曼家具制造公司的产品

斯太尔－戴姆勒－普赫股份公司
(Steyr-Daimler-Puch)

1934年，斯太尔股份公司、戴姆勒引擎股份公司和普赫股份公司合并成立了斯太尔－戴姆勒－普赫股份公司。1864年，约瑟夫－弗朗茨·韦恩德尔兵工厂在斯太尔市成立；1894年开始生产自行车；1916年开始汽车的生产；1899年，奥地利戴姆勒引擎协会在维也纳新城成立，也是"德国戴姆勒制造"第一家被认可的海外公司；从1902年开始独立生产汽车；1899年约翰·普赫在格拉茨创立了施泰尔马克州的第一家自行车制造股份公司；1901年开始摩托车生产；1928年戴姆勒和普赫合并为奥地利的戴姆勒－普赫股份公司，1934年与斯太尔股份公司合并。今天，公司在斯太尔和格拉茨独立运营。

早在1934年，斯太尔股份公司、戴姆勒引擎股份公司、普赫股份公司就已经是两轮和四轮交通工具方面的成功开拓者。斯太尔股份公司和普赫股份公司最初都是起家于自行车的生产。在奥地利，斯太尔－瓦芬拉德（1897～1987年）甚至已经成为牢固可靠的自行车的象征，而约翰·普赫因1899年的比赛用自行车和1901年的摩托车生产而得了国际性的地位。1904年，普赫开始制造汽车，这一尝试因普赫500（1952～1973年）的出现得以成功的延

续下去，普赫500是一种基于埃里希·莱德温卡的理念以及哈夫林格（1959～1974年）、平茨高尔（1971～1999年）和普赫（始于1979年）全轮驱动模型理念的小型家庭用车。斯太尔股份公司从20世纪早期开始主要从事卡车生产，1936年，斯太尔首开家庭用流线型卡车的先河，推出了以卡尔·延施克为主设计师设计完成的斯太尔50/55，即所谓的斯太尔宝贝（1936～1940年）。在延施克之前，汉斯·莱德温卡和费迪南德·保时捷已经在斯太尔工作了。斯太尔的拖拉机从50年代起致力于促进农业的现代化生产。相反，戴姆勒引擎股份公司从一开始就直接集中在创立和生产卡车、长途客车和军事车辆。戴姆勒引擎股份公司在1928年和1934年分别合并普赫和斯太尔后，斯太尔将重心转移到了汽车生产上，普赫股份公司则开始集中生产自行车、摩托车和机动脚踏两用车。斯太尔－戴姆勒－普赫汽车制造的总部在格拉茨，1998年被纳为麦格纳集团的一部分，今天与戴姆勒—克莱斯勒合作。斯太尔商用车辆股份公司在1989年被曼商用车辆股份公司所拥有，斯太尔农业机械技术股份公司在1996年隶属于卡泽（Case）公司，两个公司都在斯太尔市继续生产。

119

上图：TYP 斯太尔 50，也被成为斯太尔宝贝（Steyr－Baby），斯太尔股份公司产品，1936 年。
左下图：TYP 斯太尔 180，斯太尔－戴姆勒－普赫股份公司产品，1947 年。
右下图：普赫－超级马克西（Supermaxi）摩托车，普赫股份公司产品，1986 年

贝尔纳德·鲁道夫斯基
(Bernard Rudofsky)

1905 年生于曹卢赫特尔（祖赫多尔－纳德－奥德鲁，摩拉维亚，今属捷克）；在维也纳工业大学学习，1932 年移居意大利卡普里，和吉奥·庞蒂一起工作；1938～1941 年在巴西从事建筑和室内设计；1941 年作为纽约现代艺术博物馆馆长开始自由写作；1948 年成为美国公民；1958～1960 年定居在日本；1970 年在西班牙南部修建了自己的住宅；1987 年在维也纳 MAK 应用美术暨当代艺术博物馆的斯巴达锡巴里斯展览。1988 年在纽约逝世。

鲁道夫斯基，一个来自维也纳的世界公民，用自己的方式拓展着建筑和设计的形象。他一手打造了自己的职业生涯：他是一名建筑师、（时尚）设计师、摄影师、画家、研究员、展览策划人、编辑，以及作者。在人们拙劣模仿着西方社会消费价值评估时，鲁道夫斯基总能以一个更宽广的文化历史视角作为起点，这源于他对维也纳文化底蕴的理解——即把阿道夫·路斯和约瑟夫·弗兰克作为自己的精神教父，这种视角为他的实用主义评论文章和辩论打下了坚实的基础。鲁道夫斯基的展览和书籍——《服装是现代的吗？》（1944 年）,《和服精神》（1965 年）,《民众的街道》（1969 年）,《过时的人体》（1971 年）等，都是针对于专业读者和观众的。1964 年，有着煽动性标题"没有建筑师的建筑"这一展览在纽约现代艺术博物馆开幕，并在全球巡展了十年。鲁道夫斯基的持久影响力归因于他主题的永恒性。他关心"生命的艺术"，即从社会行为规范的束缚中解放出来而体会到了生活的本质。作为建筑师和设计师，他把目光转向人体舒适度，将其作为个人幸福的起点。他用整体的"东方价值观"对待单边的理性视角，为了是"把海外生活经历的愉悦延展到每一个人的生活中去"。鲁道夫斯基，一个永不止步的旅行者，生活在世界上最美丽的那些地方。异域的文化经历注定会导致"通过不同的生活习惯来启发试验性思考"，从其他民族的历史文脉到他所关注的主题，鲁道夫斯基总是通过自己的亲身经历来比较其间的不同，其目的就是通过比较一些像洗澡、吃饭、睡觉等日常生活的不同习惯来获得新知识和新视野。他的方法、案例和个人选择都来源于信息的全球化，并紧跟潮流，同时也具备了当下艺术、设计、感知方面的创作个性。他的"贝尔纳德奥斯"（Bernardos）凉鞋，在 60 年代曾经引导过时尚，最近的重新出现再次取得了巨大的成功。

121

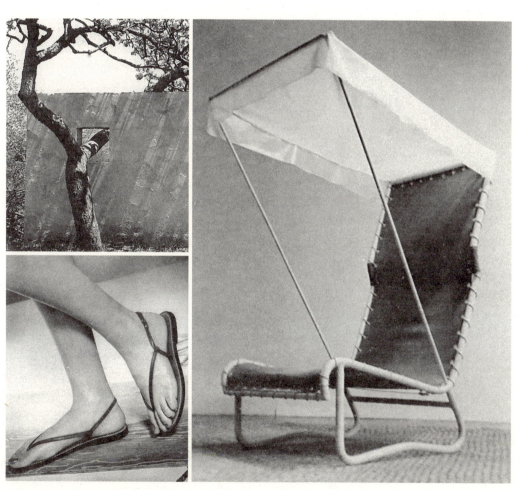

图示为贝尔纳德·鲁道夫斯基的设计作品：
左上图：美国长岛上的尼沃拉（Nivola）住宅外墙和苹果树，1951年；
左下图："贝尔纳德奥斯"凉鞋，1948年；
右图：靠背椅，1941年

费迪南德·波尔施
(Porsche Ferdinand)

1875年生于波希米亚的马费尔斯道夫（Vratislavice nad Nisout，今属捷克）；1898~1905年作为洛纳（Lohner）公司的设计工程师，研制开发了洛纳的单轮轴承摩托。随后又分别担任戴姆勒引擎股份公司的主管，斯图加特的戴姆勒奔驰汽车的设计工程师，后来还担任上奥地利斯太尔公司的总设计工程师，是大众-甲壳虫这一传奇的创始者。1944年返回奥地利，研发出了第一代保时捷356；1950年在斯图加特创办了保时捷公司，一年后在斯图加特去世。

汽车的传奇历史造就了波尔施，也使他融入了奥地利的创造浪潮。1926年，费迪南德·波尔施，埃尔温·科门达和贝拉·巴雷尼一起在斯太尔设计室工作，梦想着一个全机动化的欧洲。三年后，斯太尔XXX的研制成功彻底改革了整个汽车行业。费迪南德·波尔施于1931年开办他自己的设计绘图工作室，同时还把科门达带入了他的团队。最初他们为汽车联盟进行两种比赛用车的组装，之后，大众-甲壳虫的出现让他们取得了惊人的成功。1944年，德国的战败已经不可避免：费迪南德·波尔施移居到策尔湖畔（Zell am See）并且将他的团队带到了克恩滕州的格明德市。他被拘禁到战争结束，但是他的工程团队依然留在格明德继续工作，尽管条件苛刻，他们还是在奥地利南部研制出了保时捷356；一部动力流线十分优美、采用了大众生产组件和铝制底盘的敞篷跑车。当费迪南德·波尔施在1949年再次被允许进入德国时，他已经拥有了三家德国公司从而使得他有相当的实力去生产保时捷356。最终，他于1950年在斯图加特开始了保时捷的生产。

保时捷356，费迪南德·A·波尔施，1948年

哈格瑙尔工作室
(Werkstätte Hagenauer)

1898 年,作为维也纳的青铜器匠人,卡尔·哈格瑙尔创立了制造金属物件的工作室,在他 1928 年去世后,他的儿子卡尔(1898~1956)和弗朗茨(1906~1986)分别接管。20 世纪 30 年代,工厂的事业达到顶峰;多次参与米兰三年展,无数次的产品展示,这样的繁荣时代一直延续到了 1986 年。

卡尔·哈格瑙尔(第三代)在描述他父亲的事业时说到:"我父亲是一个吃苦耐劳且无时无刻不在工作的人——他甚至能在乘坐有轨电车时进行设计创作;而且他能使每一个设计概念转化为实际产品。"卡尔和弗朗茨都受训于约瑟夫·霍夫曼,弗朗茨·齐策克和安东·哈纳克,并在 1928 年接手了他们父亲的工厂。根据两人的设计以及他们对质量的要求,两兄弟从 30 年代起逐渐扩大了产品的规模,而且两个人各有专攻。弗朗茨侧重雕刻品制作生产,卡尔侧重日常用品的整体色彩设计,同时也兼顾一部分雕刻品;工厂的家具设计则让尤利乌斯·伊拉泽克来负责。他们的工厂在二次世界大战之间取得了巨大的成功,其产品在国内和海外的许多展览会上频频亮相,产品的出口数量更是惊人,举例来说,仅针对美国市场,公司就派出了 60 名员工,专门为其加工制造金属和木制的工艺产品。参加米兰的三年展,对工厂取得成功的国际地位起着至关重要的作用。在 1956 年卡尔去世后,他的弟弟弗朗茨接管了公司。弗朗茨还在 1962 年被维也纳应用艺术学院聘为金属设计主要课程的负责人。与此同时,兄弟俩的设计作品也开始被国内外收藏者们拍卖收藏,尽管可能有点晚,但是在奥地利同样取得了成功。

桌子刷套具,哈格瑙尔工作室设计,1950 年

卡尔·奥伯克工作室
(Werkstätte Carl Auböck)

1906年，卡尔·H·奥伯克创办了一个用于制作束腰和雕刻的工作室，生产所谓的"维也纳青铜器"(Wiener Bronzen)；1925年，也就是在老卡尔·奥伯克接管工作室后，一个新时代拉开了帷幕：奥伯克开始了他的特色设计。

在公司的创始人去世后，老卡尔·奥伯克在1925年接管了业务。他在父亲的工作室完成了青铜和雕刻的学徒工，之后在维也纳美术学院学习绘画，同时在魏玛包豪斯的约翰内斯·伊顿艺术学院学习入门课程。老卡尔·奥伯克在二战后发展了车间的业务——同时也是由于美国占领军文化交流部门的兴趣所致——从而成为在生活文化上国际认可的设计公司。基于个体消费意愿，老奥伯克开发了多种基础设计元素，他将这些元素转化为形式多样的复杂体。在这一思路下，1946～1950年的短短五年间，有五百多种新的产品被创造出来，主要包括小型家具构件、报摊、烟灰缸、灯具以及和阿尔弗雷德·塞德尔一起设计的多款花瓶样式。从1949年开始，小卡尔·奥伯克(1924～1993年)也加入了工作室，卡尔从1945～1949年在维也纳工业大学学习建筑。1952～1955年在麻省理工学院学习期间，受教于密斯·凡·德·罗、沃尔特·格罗皮乌斯、雷·夏勒斯·埃阿梅斯。他把自己在美国学到的最新知识融入了他的设计工作。工作室的产品也开始变得更加国际化并具现代感。产品的范围也扩大到大门装配、服务货车、椅子和桌子等。在老卡尔·奥伯克去世后，小奥伯克和他的妻子贾斯汀继续经营着工作室的业务。得益于家族非同一般的国际交往，他们能把产品销往分布在纽约、巴黎、伦敦和东京的那些挑剔的业主们。小卡尔·奥伯克作为一名活跃的设计师，还为Neuzeughammer Ambosswerke、莱查德、蒂罗里亚、奥托·格罗和奥斯托维克斯·蒂施库尔图尔等公司进行产品设计。他还在1977年成为维也纳应用艺术大学工业设计系的教授并担任奥地利设计协会的主席，在这期间他为使奥地利成为国际设计中心起到了重要的推动作用。小卡尔·奥伯克还为新型工业化国家的工业发展编纂了大量的学习素材。目前工作室由出生于1954年的卡尔·奥伯克运营，历经奥伯克家族三代的努力，其名下产品范围涵盖了大约四百多种商品，这些商品在美国、英国和日本也有销售。

125

上图：托盘车和椅子，卡尔·奥伯克工作室产品，1953年。
左下图：色拉餐具，小卡尔·奥伯克为 Neuzeughammer Ambosswerke 公司设计，1956年。
右下图：小树桌，卡尔·奥伯克工作室产品，1950年

奥斯瓦尔德·黑尔特
(Oswald Haerdtl)

1899年生于维也纳，在维也纳艺术工商学校师从于奥斯卡·施特纳德。1935年，设计了布鲁塞尔世博会的奥地利厅；建筑学教授；1937年设计了巴黎世博会的奥地利厅；1940年开办了自己的工作室；1959年设计完成维也纳城市历史博物馆，同年在维也纳逝世。

才华横溢的奥斯瓦尔德·黑尔特在二次世界大战期间通过完成1935年布鲁塞尔世博会和1937年巴黎世博会的奥地利厅设计而声名鹊起。1930～1939年，他作为约瑟夫·霍夫曼事务所（创办于1927年）的合伙人，设计了维也纳帝国饭店的咖啡厅、衣帽寄存处、露台以及维也纳大酒店的休息大厅和露台区。此外，他还为维也纳城市中心内业已成熟的商业区设计店面入口和家具装修，例如阿尔特曼&屈内、穆西克豪斯·多布林尔和奥加滕·波尔策尔兰。同时，奥斯瓦尔德·黑尔特还为洛布迈尔、Neuzeughammer Ambosswerke和索涅特进行产品设计。第二次世界大战后，奥斯瓦尔德·黑尔特除了建筑师和教师的工作外，还开始致力于完善一种被大众所认可的流行文化。1945年夏，他在维也纳艺术和工艺协会组织了一次展览，展示家具、灯具和桌上器具。其后不久，他和老卡尔·奥伯克、弗里茨·沃特鲁巴一起成立了奥地利艺术工作室，成为一个新的奥地利技术暨设计中心。在1951年和1954年，黑尔特负责米兰三年展中奥地利的设计团队，这次展览使得参展的奥地利公司获得了巨大的国际意义上的成功。50年代，当蒸馏咖啡馆成为小型咖啡馆中最受欢迎的经营模式时，一个全新的装修概念便应人们需求随之而来，黑尔特在这方面的设计才华变得极为抢手。1950年，他受委托在科玛克大街上设计了阿拉伯半岛蒸馏咖啡馆以及维也纳人民花园内的乳品店和咖啡屋。1954年，他重新设计了普鲁克尔咖啡馆。在他的教学、实践工程以及国际化背景中，奥斯瓦尔德·黑尔特表现出典型维也纳现代主义风格的延续。他的建筑，特别是二次世界大战期间的展览建筑，展现出一种独立的、充满优雅趣味的风格特征，这些特征也塑造了他独特的设计语言。他拒绝过分的时尚潮流；他众多的室内设计作品、家具以及椅子的设计都令人感到十分舒适，体现了一个典型的维也纳人的才华。

图示为奥斯瓦尔德·黑尔特的设计作品：
上图：阿拉伯半岛咖啡馆，维也纳，1950 年；
下图左：扶手椅，为维也纳孔斯特格韦贝公司设计，1955 年；
下图中："海军准将"（Commodore）玻璃套具，洛布迈尔公司产品，1954 年；
下图右：应用艺术博物馆收藏的奥地利制造联盟展览所用餐具，1955 年

罗兰·雷纳
(Roland Rainer)

1910 年生于克拉根福,在维也纳工业大学学习;1950 年成为国际建筑师协会(CIAM)成员;1953 年成为奥地利制造联盟董事会成员;1953~1954 年,担任汉诺威工业大学的教授;1955~1956 年在格拉茨工业大学任教授;1956~1980 年任维也纳艺术学院建筑学主干课程的负责人;1958~1963 年,任维也纳首席都市规划设计师。1962 年获奥地利国家设计奖;1979 年获科学艺术奖;2004 年在维也纳去世。

第二次世界大战的爆发对于刚刚年满 30 岁的罗兰·雷纳来说,最直接的后果就是房屋建设问题。1947 年,他针对住宅问题进行研究,一年后公开发表了一篇关于单层住宅的文章,又于 1949 年发表了关于可行性居住理想的文章。1950 年,他为"妇女和她们的住房"(Die Frau und ihre Wohnung)展览会设计了家具样本。这些样本中的厨房用椅后来被收录到 SW 目录,而且还成为维也纳瑞特(Ritter)咖啡馆中扶手椅的设计灵感,这种扶手椅还被奥斯瓦尔德·黑尔特用在维也纳普鲁克尔咖啡馆中。更大范围上的家具设计出现在雷纳所完成的公共建筑中。其中最突出的成就是他为一个学员宿舍所设计的椅子:可折叠、带扶手、硬质弯曲榉木、局部薄板并上漆、特有的穿孔设计,这个作品后来被用在维也纳的市政大厅里,并作为市政大厅座椅(Stadthallen-Stuhl)进入了奥地利的设计史,这个椅子的设计有力地证明了雷纳是一个偏爱简洁形式及含蓄材质的设计师。同时,新颖的市政大厅座椅也开始进入收藏家的视野。1993 年,艾兴格·奥德·克内希特尔重新开发了这种椅子,由厂商普兰克(下奥地利)生产并应用于那些高档艺术展廊。

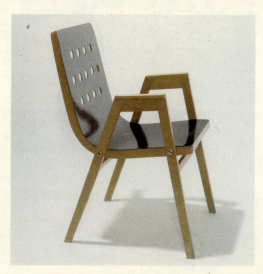

市政大厅座椅,罗兰·雷纳设计,维也纳波拉克公司产品,1952 年

卡尔马尔
(Kalmar)

1881年由尤利乌斯·奥古斯特·卡尔马尔创立，最开始从事青铜铸造，从20世纪30年代开始专门从事灯具的开发和生产，今天已经成为世界上设计定制灯具的顶尖专业机构之一。公司为家族私有。

J·T·卡尔马尔公司最初是一家金属制作的工场，生产青铜小雕像、雕塑、灯光装置器，客户来自国内外。在第一次世界大战中工场遭到轰炸后，大约在1930年左右，公司转向专门开发树枝形的装饰灯和各种灯具的制造。随着第二次世界大战后的重建，卡尔马尔在50年代发展成为一家非常成功的灯具制造商。一方面，很多著名的建筑师如卡尔·阿佩尔、埃里希·博尔滕施特恩、奥斯瓦尔德·黑尔特、安娜－吕尔雅·普劳恩开始为公司设计产品；另一方面，卡尔马尔也有自己的设计师在进行台灯、壁灯和落地灯的设计制造，其中一些还是在二次世界大战之间完成的。卡尔马尔公司的灯具底座和配套装置主要是金属材料，灯罩和遮光物是由金属或者纺织品制成的，灯管的材料则大多是玻璃和树脂玻璃。紧跟着现代主义的潮流，公司为取得形式上的革新，功能上的进步的产品一直在不断地努力。因此，许多设计样式都能调节高度并装配了活动的扶手。这种产品属性的改变在20世纪80年代末期使家族产业重组为一个国际化的、工程化的规模产业。目前公司业务主要集中在复制传统的树枝形装饰灯，以及生产按照客户具体要求定制的、基于当代设计风格的装饰灯具，这些客户从饭店、宫殿、豪华游轮到文化行政大厦，遍布全世界。

落地灯，卡尔马尔设计，20世纪50年代早期

安娜－吕尔雅·普劳恩
(Anna-Lülja Praun)

1906 年生于俄罗斯的圣彼得堡，本名安娜－吕尔雅·西米多夫。在格拉茨工业大学学习建筑，曾与赫伯特·艾希霍尔茨、克莱门斯·霍尔茨迈斯特合作；1942 年起与理查德·普劳恩合作工程设计；1952 年开办自己的工作室，从事建筑、室内设计和家具设计；格拉茨工业大学荣誉博士头衔。2004 年在维也纳逝世。

作为俄罗斯医生和保加利亚出版商的女儿，普劳恩在当时还是沙俄统治下的俄罗斯生活了三年，1909 年，他们全家搬往保加利亚。1925 年，她成为在格拉茨学习建筑学的第一位女性。在普劳恩的学习期间，她已经参与到建筑师赫伯特·艾希霍尔茨（1943 年被纳粹所杀害）和克莱门斯·霍尔茨迈斯特的工作当中。一战爆发后，她途径柏林、巴黎，最后到达保加利亚首都索非亚，在那儿她为保加利亚铁路部和水上交通部工作。1942 年，她返回维也纳，嫁给了建筑师理查德·普劳恩，一个传统细木工匠的儿子，曾在维也纳艺术工商学校学习，她从她丈夫那里获得了很多关于维也纳居住空间的设计传统。在与理查德分手（1952 年）后，安娜－吕尔雅·普劳恩作为室内设计师开办了自己的工作室。与此同时，她还为约瑟夫·弗兰克和奥斯卡·弗拉赫创立的家庭花园家具店做设计。1970 年，普劳恩在维也纳应用艺术学院发起组织了来自爱尔兰的建筑师、设计师艾琳·格瑞的首次个人展。构图和谐、精确细腻以及追求细部是确保安娜－吕尔雅·普劳恩的作品能够持续几十年的根本。普劳恩信奉"形式存在于材料的永恒性"，所以她常常用那些昂贵的材料——偏爱皮革制品、银质、羊驼毛、青铜、优质木材，有时还会用到不算过于昂贵的宝石。普劳恩这种对于使用材料的选择给她那些艺术圈和商业圈的客户们（如捷尔吉·利格蒂、古德龙·鲍迪施、赫伯特·冯·卡拉扬、沃尔夫冈·登策尔）留下了深刻的印象。她在 1997 年的时候被授予 ÖGFA－奥地利建筑协会的荣誉会员，对于普劳恩的当选，建筑批评家奥托·卡普芬格尔是这样评价她的成就的："普劳恩作品的特质是由具体的形式、明确的功能和个人的需求所组成的，而这些是通过严格训练的手工技术所完成，这些设计上的细微差别会给作品带来恰当的变化。"

131

图示为安娜-吕尔雅·普劳恩设计的作品:
左上图: F.L.P 沙发椅,家庭花园家具公司产品,1953 年;
右上图: 舍勒-布勒克曼靠背椅,1953 年;
左下图: "捷尔吉·利格蒂"指挥书桌,1980 年;
右下图: "克拉里塞"珠宝首饰柜,1991 年

佐内特
(Sonett)

佐内特,作为铁件加工和装配的车间,1890年,由老卡尔·福斯特尔创立;1916年,开始生产出铸铁家具系列;1928年后,开始生产医疗和护理家具;1939～1945年转型为一家军备工厂;50年代起,成为加工制造花园铁件和小型家具的公司;1967年,开始生产学校和幼儿园的家具;70年代开始,制造建筑中的座椅,以及等候区、看台座椅;1987年,森贝拉(Sembella)集团收购了佐内特公司。2001年,公司关闭。

第二次世界大战后,老卡尔·福斯特尔的后裔与其他人一起开始钢管家具的生产,并以佐内特的牌子出现在市场上。这些纤巧精细的、饰有金银丝细工的户外家具,其设计风格显然是受到了英格兰设计师欧内斯特·瑞斯创作的羚羊椅子(Antelope Chair)的影响,同时也象征着20世纪50年代生机勃勃的设计氛围。人们将这种钢管椅子引入了新出现的蒸馏咖啡馆中,虽然这些椅子给咖啡馆带来了更高的营业流通量,但他们却不如传统咖啡馆里的椅子舒服。奥斯瓦尔德·黑尔特在维也纳人民花园的椅子设计上有意识地通过在靠背处设置一个金属圆环来实现"缩短平均停留时间",即促使坐在椅子上的人一定的时间后被迫站起来。从50年代中期开始,黑尔特与安娜－吕尔雅·普劳恩、托马斯·劳特巴赫、维克托·默德尔哈默、奥斯卡·弗拉达茨都曾为佐内特做设计。公司也实现了一些自己的设计,包括带有高密度硬纸板底座的钢管椅子,带有加强玻璃纤维和人造树脂底座的椅子。从50年代后期直到60年代中期,佐内特的设计师团队由赫伯特·乌尔施普龙格领衔,而从1970到80年代后期,这一任务则交给了沃尔夫冈·海佩尔。

"七弦琴"(Lyra)椅子和桌子,安娜－吕尔雅·普劳恩和托马斯·劳特巴赫设计,佐内特公司产品,1955年

社会住宅布置艺术协会
(Soziale Wohnkultur)

存在时间是1952～1976年,最初为了制造和生产便宜的标准化家具装置而由维也纳市政当局、维也纳劳工议会、维也纳商业议会、奥地利联邦商业协会共同创立的计划。

第二次世界大战期间,在维也纳有187000个家庭遭到了毁坏,其中87000个家庭完全被毁灭。根据一战后的安置经验,二战后的维也纳立刻再次发起了关于重建家园和附属性市政住宅群的社会计划。然而,新住宅平面的有限面积既无法摆放原有家具形式,也无法容纳现代风格的设施,为了生产适用于新住宅且廉价的家具,奥地利联邦商业协会、维也纳市政当局、维也纳劳工议会、维也纳商业议会等一起在1952年创建了最初的社会住宅布置艺术协会,它的雏形就是1950年时维也纳SPÖ妇女运动组织的"妇女和她们的住房"展览会模式,并且委托几位设计师——包括弗朗茨·舒斯特、奥斯卡·派尔、罗兰·雷纳,为了满足"新生活"的标准而设计了一些家具装置概念,将其中的一些精品建造出来作为样板在社会住宅布置艺术展览会(1952年12月～1953年1月)上展出。参观者被要求填写投票,选出众多模型样板中合适的方案作为第一批SW家具进行生产,选出的家具最后被社会住宅布置艺术协会投入市场。后来,随着人们购买力的增强和现代家具店的日渐增多,最初的家具原型被荒废,协会也在1976年解散。

社会住宅布置艺术-模型展,罗伯特·斯特恩所做的广告:新居室——每个人的顾问,维也纳,1956年

里德尔
(Riedel)

1756年由约翰·利奥波德·里德尔在齐陶(Zittau，波希米亚北部，今属捷克)创立的一家玻璃工厂；20世纪前叶，产品销售到全世界的范围；第二次世界大战期间被征用；1956年在库尔施泰因和施内加特恩重新开业；1973年再次成功地将其玻璃产业推广到全球市场。目前，产业属于家族私有。

里德尔玻璃王朝的本源可以追溯到1756年，那年，约翰·利奥波德·里德尔得到了营业许可，并在波西米亚创建了玻璃制造厂，而他的祖父就是一个旅行玻璃商，同时还是金斯基王子的奴隶。经过几代人的苦心经营，经过企业精神、传统工艺和改革创新之间的相互作用，成功地打造了一个商业中心，不仅制作珠宝用的玻璃制品，还提供交通灯、有色眼镜、猫眼、灯塔以及广口瓶的玻璃设计。然而第二次世界大战是个转折点，当时的捷克斯洛伐克共产主义领导人将公司国有化，并挪用了全部资产。1945年，公司的管理者瓦尔特·里德尔作为战争中重要的科学家被带到了当时的苏联。他的儿子，当时才21岁的克劳斯·约瑟夫·里德尔，在蒂罗尔区得到了同样是源自波希米亚的施华洛世奇家族的资金援助。1956年，瓦尔特·里德尔被释放后，父子俩共同经营玻璃工厂。为了建造一个既富传统又具有未来发展前景的玻璃加工厂，克劳斯·里德尔将重心放在了制造白色的、不加装饰的饮用水杯玻璃系列上。1959年，纽约的康宁玻璃博物馆挑选了其中的"精品系列"(Exquisit Series)作为世界上最美丽的玻璃收藏起来。1973年，公司因为"斟酒员"酒杯系列的成功而获得了世界范围的声誉。基于精品系列纯粹主义的设计风格，里德尔和他的专家组努力探索直至他们创造出"斟酒员"(Sommeliers)，这种完美的酒杯：瘦薄、高脚、轻质、外观精美，提高了所有酒类的品质。同样也要归功于其成功的定位，这种酒杯的上市与成熟的葡萄酒业开始流行的时间大致相同。"斟酒员"系列不断扩大，包括了四十多种不同的玻璃酒杯系列，在家族豪门和全球第一流的饭店都能看到它们的身影。1986年，格奥尔格·里德尔创造了"维努姆"(Vinum)，世界上最早的高品质机器吹制玻璃，它也使得里德尔的玻璃制品价格为大众所能接受，从而扩大了市场份额。2004年，马克西米利安·里德尔创造的"O"系列进入市场，"O"系列在形式上追随"维努姆"系列，但却去掉了高脚和底盘，也是一种处理好酒的非传统方式。

图示为里德尔玻璃系列：
左图："精品系列"玻璃杯，克劳斯·J·里德尔创造，1957年；
右上图：克劳斯·J·里德尔创造的"斟酒员"玻璃杯与高度波尔多葡萄酒，1973年；
右下图：马克西米利安·里德尔创造"O"系列玻璃杯与加州内比奥罗（Nebbiolo）葡萄酒，2004年

奥米伽
(Eumig)

1917年，由阿洛伊斯·汉德和卡尔·福肯胡贝尔成立；1932年，为电影发烧友设计了第一台C1摄影机，1937年，8mm口径C3问世；1954年的P8是第一台带有低压灯的8mm放映机，并成为当时市场的主流；1957年，准专业摄影机C16R面世；1963年，发明了C6口径放映机；1965年，菲内特（Viennette）超级-8问世；1978年生产出超级-8的奥米伽·诺蒂卡；1981年破产。

产品的不断更新和无数项专利使奥米伽在早期的摄影机和放映机市场上取得了相当大的成功。举例而言，无论是最早的业余电子摄像机（C4，1937）还是微径的专利，奥米伽主要对准产品的稳定性和易售性，从而长期作为高科技产品的领头羊。产品设计的稳定性是一个重要的因素：C16R由奥地利人赖因霍尔德·茨韦格尔在1957年设计完成，丹麦人Acton Bjørn在1965年设计了菲内特超级-8。其他产品的样板都是由公司首席设计师格哈德·勒蒂设计完成的，如1971年的迷你型奥米伽，是一款可放入衣袋的小摄影机，并首次采用了塑料外壳。公司最后一个亮点是1978年生产的奥米伽·诺蒂卡，一款在水下作业而不需要保护性外壳的摄影机。由于个人和行政上的原因，公司在1981年不得不宣布破产。

左图：菲内特-2，Acton Bjørn设计，奥米伽产品，1966年。
右图：C16R，赖因霍尔德·茨韦格尔设计，奥米伽产品，1957年

利林波尔策兰
(Lilienporzellan)

1883年，利希滕施特恩家族收购了威廉斯布格尔陶器工厂；1938年被征用；1947年又回到了库尔特·利希滕施特恩（后来的康拉德·莱斯特）手中；1957～1958年工厂重建；1967年与劳芬(Laufen)公司合并。1997年厨房用具的生产迁至捷克。

利林波尔策兰就是二战后奥地利桌子文化的同义词，这个名字来自工厂所在地威廉斯布格尔盾形纹章表面的百合花，也含有邻近城镇利林费尔德(Lilienfeld)的意思。调和了六种颜色的咖啡杯、茶杯、穆哈咖啡杯以及餐具，在家居市场上获得了极大的成功。自从工厂无法生产出均一色彩的器皿后，他们就想出了一个很聪明的法子——把各种色彩汇集起来制成色彩斑斓的器具，这种混合图案被称为"戴西什锦"(Daisy Melange)。戴西符合同时代人的品味，市场销路非常之好，在20世纪60年代里一半的家庭中都能看到它。其他器具也很快效仿，包括由弗里茨·利施卡设计的"科琳娜"(Corinna)器具，曾在1960年的米兰三年展上亮相。利林波尔策兰的许多器皿，特别是戴西什锦，现在已经是收藏家们竞相收藏的对象。

左图："戴西什锦"器皿，利林波尔策兰产品，1958年。
右图："科琳娜"器皿，弗里茨·利施卡设计，利林波尔策兰产品，1959年

奥地利设计协会
(Österreichisches Institut für Formgebung)

成立于1958年，作为一个具有商业元素的工业设计协会，对更开放的设计竞争意识的培养和奥地利设计印象的加强起到了积极的推动作用。1998年协会解散。

奥地利设计协会（ÖIF）最初由卡尔·施万策在1958年创立。其宗旨是介绍商业和公共部门中工业设计的概念和意义，也是基于加速发展经济的需要，建立系列产品的质量标准。从一开始，ÖIF的主要任务就是为国民创造性力量中具备生产潜力的设计实体搭建一个关系网，从而有助于提高奥地利经济竞争力以及国家整体设计水平。迫于这样一种任务，ÖIF在它存在的40年时间里组织了一系列活动。协会就当代设计问题定期举办讨论会，并整理出版；还建立了奥地利第一个设计师索引目录；作为一个整体，为设计师们和热爱设计的人们提供了一个十分重要的讨论平台。ÖIF监管并颁发国家奖给那些优秀的设计样式（后来给优秀的设计成品）、家具、艺术品和手工艺品，另外还发起额外的竞赛。1965年，工业设计协会国际委员会（ICSID）大会由ÖIF主席卡尔·施万策负责主办，为此，维也纳设计中心特地在维也纳的列支敦士登宫殿区（Palais Liechtenstein）建造了一个临时性的展览建筑。另外，ÖIF还是1990年小卡尔·奥伯克主席负责的中欧设计会议的组织者，这些都给人们，特别是ICSID的委员们，一个积极的奥地利印象。ÖIF在组织和参与国内外展览上也是很积极的，并指导奥地利人参与国际设计事务。另外，不得不提及的是奥地利人对1964年和1968年米兰三年展所做的贡献，以及从1972年开始定期为慕尼黑国际工艺大展Exempla特展和1996年荷兰马斯特里赫特欧洲设计博览会所作出的贡献。1997年由ÖIF和奥地利联邦总理发起，艾兴格·奥德尔·克内希特尔协助完成的"奥地利今日设计"进行了全球巡回展，甚至在协会解散后仍然延续着，并在2005年被MAK应用艺术暨当代艺术博物馆完整地永久收藏。

卡尔·施万策
(Karl Schwanzer)

1918年出生在维也纳，在维也纳工业大学学习；1947年在维也纳开办自己的工作室；1947~1951年成为奥斯瓦尔德·黑尔特的助手；从1959年起担任维也纳工业大学的教授；1963年在慕尼黑开办了第二个工作室；1973年位于慕尼黑的宝马汽车行政大楼；1975年在维也纳去世，同年（去世后）被授予奥地利国家奖以表彰他的艺术成就。

在卡尔·施万策眼里，"解决设计问题的工作"就是"创造愉悦的工作"，他的激情来自建筑，并称自己的努力是为了实现灵感——"上帝所给予的礼物"。在他作为自由创作者之初，主要的业绩是作为室内设计师完成了维也纳"大都会和蜂鸟"(Metropol and Kolibri)电影院装修设计，以及位于城市中心许多商业空间的设计和芝加哥的俾斯麦饭店老维也纳咖啡屋设计。同时，他还创作了很多家具产品。施万策作为建筑师的职业生涯是从接受布鲁塞尔世博会(1958年)奥地利馆的设计委托开始的。这个建筑后来被带回维也纳，作为20世纪博物馆(1962年)重新落成。施万策不断地实现设计方案——主要是为慕尼黑的宝马大楼、WIFI，奥地利继续教育学院和维也纳的飞利浦公司等建筑工程中进行门装置和椅子的设计。施万策为奥地利设计文化的发展作出的最主要贡献就是创立ÖIF——奥地利设计协会(1958年)，作为经济发展的一个驱动因素，协会一直致力于成为促进工业设计的中心机构直至1998年关闭。

1958年布鲁塞尔世博会奥地利馆的扶手椅，后来被用在维也纳20世纪博物馆中

a4
(arbeitsgruppe 4)

1952年,由威廉·霍尔茨鲍尔(生于1930年)、弗里德里希·库尔恩特(生于1931年)、奥托·莱特纳(生于1931年)和约翰内斯·施帕尔特(生于1920年)创建于维也纳。除了建筑工程,也积极参与展览会、出版物、室内设计和家具设计的任务。1974年,四人组结束合作。

a4(四人组)开发了一个绝对简化,绝对严格的的建筑设计程序:现代,没有多余的虚假装饰。1954年,a4在布置设计维也纳市中心诺伊鲍街的咖啡馆3/4时,die Dreiviertler(四分之三的团体),这样一个由安娜-吕尔雅·普劳恩杜撰的词说明了莱特纳的离开。沥青地板、低矮的座位、沉稳的色彩、大气球灯验证了他们对于现代主义设计一直不断进行着的重新思考。1959年,a4接受万有音乐出版社委托,设计在维也纳塞勒街的音乐屋(Musikhaus) 3/4的装修,他们采用既简洁又功能化的红色、蓝色和白色,而不是包豪斯的黄色,用曲线硬质纤维板(施帕尔特的专利)和普罗菲利特玻璃组装完成。乌尔班·瓦尔穆特设计了安乐椅3/4,由12.5厘米×50厘米×62.5厘米的模数体系和5个相同尺寸的靠垫所组成,a4后来和维特曼合作开发了座椅套件(Sitzgruppe) 3/4。霍尔茨鲍尔在1964年离开了a4,库尔恩特和施帕尔特继续合作直至1974年。

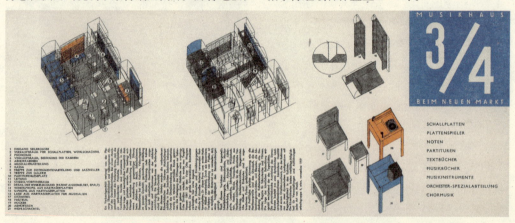

音乐屋3/4的海报,a4,1959年

克奈斯尔
(Kneissl)

1861年作为训练产品商店由弗朗茨·克奈斯尔在库夫施泰因创立；1919年制造了奥地利第一代滑雪板；1936年，第一代合成薄板雪橇——克奈斯尔·施普利特凯因（Splitkein），占据了市场；1950年，制造了第一代四色滑雪板；1960年的白色之星，是第一代木质板芯、碾压玻璃纤维的滑雪板；从70年代开始生产越野雪橇和网球球拍；1989～2002年，是公司重组阶段；2003年由提洛尔人投资小组重新启动运营。现在生产的产品有滑雪板、网球拍以及一些配件。

随着电视的普及其对滑雪世界锦标赛的现场直播，不仅使滑雪运动不断升温，也提高了人们对滑雪板品牌的关注程度。当第一代玻璃纤维滑雪板白色之星面世之时，克奈斯尔已经开始成为这项斜坡运动的赢者。当时许多世锦赛的冠军都在使用卡尔·施兰茨的白色之星滑雪板，这不但增强了公司的竞争力，也使得白色之星取得了世界范围的销售成功，同时也成为克奈斯尔标志性的设计。然而到了20世纪80年代，克奈斯尔却负债累累。在1989年开始重新整顿公司，但是到了2002年又遭到失败，这一切让克奈斯尔看起来似乎走到了穷途末路。但是经过五个提洛尔企业的努力，在2003年公司又重新运营。年轻的管理者们的目标是重建传统的克奈斯尔五角星商标（即现在的克奈斯尔·蒂罗尔），作为革新领导者，定位就用了几十年。公司除了职业化的市场行销，还依赖最新开发出的专利产品"技能滑雪板"，这种设施可以帮助滑雪者在速降滑雪时更好地转体，还可以加快越野赛中选手的滑行速度。他们还制造了阿尔卑斯版本。雪橇在最后的生产阶段也能按客户的具体要求来定制。为了增强克奈斯尔抢占上层人士的滑雪板销售市场，公司开发了一种主要由手工制造、装配有施华洛世奇微晶体的超豪华雪橇，名曰"水晶雪橇"。

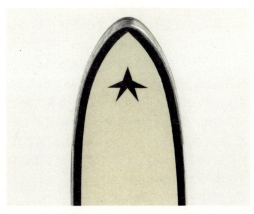

白色之星，克奈斯尔，20世纪60年代早期

维特曼家具制造
(Wittmann Möbelwerkstätten)

1896年由鲁道夫·维特曼在埃特多尔夫／坎普（Etsdorf/Kamp）成立；1950年左右，开始家具生产；1961年，参与四人组（库尔恩特、霍尔茨鲍尔、施帕尔特）的座椅套件3/4设计和约翰内斯·施帕尔特的康斯坦斯沙发床设计；1973年，参加霍夫曼的收藏首展；1975年，汉斯·霍莱因的对角线（Diagonal）设计；1983年，保罗·皮瓦的奥拉沙发设计；1988年，喜多俊之（Toshiyuki Kita）的Hop设计；1991年，博雷克·施茨尔佩克的ProJP设计；1992年，马特奥·图恩的马特拉西（Materassi）沙发设计；从2002年开始，重新生产基斯勒家具。目前，乌尔丽克·维特曼和海因茨·霍费尔-维特曼在经营公司。

作为享有盛誉的高质量沙发家具制造公司，最初只是由一家马具商人的作坊发展而来的。同为艺术家的弗朗茨·维特曼和他的兄弟卡尔，为公司日后的成功打下了很好的基础。通过与四人组以及后来约翰内斯·施帕尔特之间的合作，维特曼成为高质量设计标准的先驱者，并与施帕尔特一起，努力争取到了复制霍夫曼家具的惟一生产权——"约瑟夫·霍夫曼更新版"，其生产样式超过20多种。维特曼是一家国际化的公司，其出口额占到了77%，拥有员工150人。公司把最基本的任务和最集中的力量都放在了如何发展经营上——即发展位于本土埃特多尔夫的公司——同时在他们成功的经营中，对于质量的控制也是非常重要并且具有浓厚奥地利特色的。当然也并不能阻挡维特曼公司追求国际化的大方向，公司与国际上优秀的设计师一起设计了很多高质量的产品，这些设计师包括保罗·皮瓦、马特奥·图恩、喜多俊之、克里斯托费·马尔尚和For Use。其中保罗·皮瓦的设计样式——奥拉（Aura），成为了一款经典的小型扶手椅。维特曼公司通过以下作品仍然保持着它在奥地利设计史上的地位：2002年，以弗雷德里克·基斯勒的先锋派作品Correalistic工具和Correalistic摇椅为起点，在随后的2005年，又设计出了红色长椅、宴会长沙发和悬臂椅2号。

约利（Jolly）椅，扬·阿姆加德设计，维特曼家具制造公司产品，2005年

143

图示为维特曼家具制造公司产品:
左上图:座椅套件3/4,4人组设计,1960年;
右上图:奥拉沙发,保罗·皮瓦设计,1983年;
下图:马特拉西沙发,马特奥·图恩设计,1992年

蒂罗里亚
(Tyrolia)

1847年，作为维也纳的金属扣带制造商，蒂罗里亚成立于维也纳南郊的施魏夏特；1928年起生产滑雪板固定装置，从1949年开始更名为蒂罗里亚；1962年，蒂罗里亚"火箭"(Rocket)，是世界第一个插入式固定器；1996年，蒂罗里亚"虚拟"(Cyber)，是第一个带有雕刻图案的固定器；2002年的扶手伸缩系统，是一种依靠扶手的固定装置，比最初绑在雪橇上的固定器更为方便。1995年，瑞典的投资集团艾利艾什(Eliasch)收购了海德－蒂罗里亚－马里斯(HTM)集团。蒂罗里亚的制造基地在施魏夏特。

这家扣环工厂从20世纪20年代开始开发有扣带的滑雪板固定装置。从1949年以来，它们以蒂罗里亚的名字制造固定器。不断的技术创新和保险装置的发展使得蒂罗里亚成为今天滑雪板固定器领域的名牌之一。从50年代起，蒂罗里亚积极参与滑雪赛事，这不但是一个成功的市场策略，还是一个机会，让他们带着巨大的压力来解决保险装置的问题。1962年，蒂罗里亚设计出了第一个插入式固定器；蒂罗里亚对角形固定器(1973年)降低了前冲作用力的危险系数。1997年，蒂罗里亚设计出了ABS保险体系。与海德、马雷斯、彭纳·达科尔和布拉克斯／格内里克斯等公司的合作，使蒂罗里亚成为目前体育用品主要制造商之一。

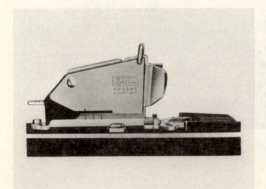

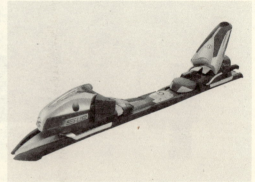

左图：蒂罗里亚"火箭"固定器初级版，小卡尔·奥伯托设计，蒂罗里亚公司产品，1962年。
右图：蒂罗里亚SL10导轨，爱维森设计集团（aws design）；亚当·韦泽利－斯维克青斯基和克里斯托夫·格雷德勒设计，HTM体育和弗赖蔡特格拉特有限责任公司产品，2004年。

阿尔弗雷德·塞德尔
(Alfred Seidl)

1919年生于维也纳,在维也纳艺术工商学校学校;1946年起作为自由职业者,从事制陶和雕刻;为奥地利广播集团(ORF)指导胶片剪辑;是施特尔茨勒·格拉斯股份公司的首席设计师;获奖无数,并成为评委;日常生活和工作均在维也纳。

塞德尔说过的这句话"我就是非专业的对立面",用以强调他在寻求创造正确的形式时,基于材料、功能取向和确定风格的职业性处理手法。对塞德尔来说,手头的工作本身永远都比他自己的署名更重要。1950年,塞德尔创办了自己的制陶工作室。后来,他还为奥地利电视广播业做胶片剪辑,并很快成为奥地利广播集团的制作负责人。塞德尔在施特尔茨勒·格拉斯股份公司成立之后即加入,作为首席设计师直到1980年。在这儿,他建立了这样一种观念:让高质量产品适合所有的人群。

左图:阿尔弗雷德·塞德尔设计的酒瓶,1975年。
右图:阿尔弗雷德·塞德尔设计的高脚玻璃杯,施特尔茨勒·格拉斯公司产品,1963年

玛丽安娜·登策尔
(Marianne Denzel)

1932年生于德国的舒森瑞德；在国立施瓦本格明德应用艺术学院学习；于哥本哈根的丹麦皇家艺术学院受训为金匠，之后在奥地利从事设计工作；其作品多次在奥地利国内外展览中展出；后被聘为科隆艺术设计学院教授。1975年，在德国去世。

作为在奥地利工作，且受过职业教育的女设计师之一，玛丽安娜·登策尔为日益蓬勃发展的奥地利设计作出了至关重要的贡献。作为一名女性，在那个时代从事这样不易被人所理解的工作使她经常不得不去直面人们的偏见和怀疑。因此，玛丽安娜·登策尔的成就愈发显得了不起：在百德福(Berndorf)公司的几十年工作期间，她不但能开发出个体构件，还能设计出整套系列的银器和餐具。她的客户主要来自酒店业，他们尤其要求满足一种特别明确的理念，一种来自酒店名望和企业传统的设计理念。登策尔拥有极强的说服别人的能力，这使得她能够成功地实现端庄而又现代的产品；她的实践性思维和在谈判上的坚持是登策尔的巨大优势。她坚持主张一个好的设计首当其冲就是要满足物品的功能用途，结合功能再饰以工艺纯熟的艺术装饰。登策尔的设计有一种今天已经很少看见的品质：典雅。

玛丽安娜·登策尔为百德福公司设计的产品：
左图：沙司容器，1964年
右图：不锈钢壶，1965年

弗里德里希·戈夫伊策尔
(Friedrich Goffitzer)

1927年生于克拉根福,分别在威拉赫州立建筑科技学院、林茨艺术大学和维也纳应用艺术大学学习;担任奥地利制造联盟的秘书长;创建奥地利残疾人无障碍设计研究院,并任院长;1991年任该院名誉教授,现居林茨。

弗里德里希·戈夫伊策尔的工作总是与文化和社会活动相关联,对他来说,设计只是它们中的一部分:为了引导创造出一个有价值的、有意义的产品,设计本身,作为一个交叉环节,需要产品生产过程中所有相关活动的合作。1961年,戈夫伊策尔接任奥地利制造联盟的秘书长一职。1964年,他负责设计第八届米兰三年展中的奥地利展厅,与众不同的设计概念帮助奥地利赢得了展览会的金奖。其后的几年,戈夫伊策尔又负责了一些展览设计。随着国内外大量建筑作品的落成,他也为自己众多的工业设计产品绘制平面和说明。他的客户包括像洛布迈尔、格拉斯许特、里德尔、罗森鲍尔等很多大企业。在不断摸索协调性和比例关系的规律过程中,戈夫伊策尔在两者之间找到平衡,从而形成了自己的设计理念。1969年,他被授予教授头衔;70年代,他负责教授林茨艺术大学室内设计系的主要课程,后来又成为院长;1976年,戈夫伊策尔创建了奥地利残疾人无障碍设计研究院,并负责学院理论和艺术课程的教学。

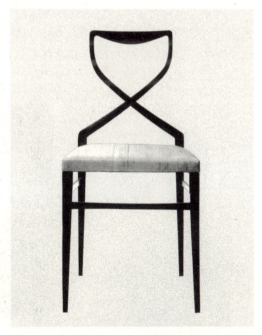

"四重奏"椅子(Quartett-Stuhl),弗里德里希·戈夫伊策尔和格哈德·茨韦特勒设计,施塔德勒公司产品,1964年

乌多·普罗克施（别号泽格·基希霍费）
(Udo Proksch)

1934年出生在德国的罗斯托克；在维也纳应用艺术大学学习，师从于奥斯瓦尔德·黑尔特；1956年，在特劳恩联合威廉·安格尔从事眼镜制造业，合作直至1970年；1970～1989年经营管理维也纳的糖果店德梅尔。2001年在格拉茨逝世。

20世纪50年代末60年代初，设计师乌多·普罗克施与企业主威廉·安格尔一起，掀起了一场眼镜市场的革命。早期，普罗克施已经通过多种眼镜框架设计来实现这种理想，如1956年开始的维也纳系列——这一设计让眼镜不再拘泥于使用功能而成为时尚装饰物件。到1963年，最后设计出的豪华系列"泽格·基希霍费"已经实现了公司的全面市场化。从瓦尔特·皮希勒优雅的字体设计到橱窗展示台，乌多·普罗克施在每一个细节上都投入了无比的精力。由于普罗克施接手管理"泽格·基希霍费"的财政成功，使他能够追求和发展自己的一系列想法：举例而言，金手指，一种双管产品，解决了家里牙膏挤不干净的现象；他还设计了维也纳人葬礼上的家族寿衣，创建了垂直葬礼之友协会。

左图：兼具保护鼻子功能的卡雷拉滑雪护目镜，乌多·普罗克施设计，1966/67年。
右图："泽格·基希霍费"眼镜展示，1965年

维克托·帕内克
(Victor Papanek)

1925年生于维也纳；在英格兰和美国接受职业培训；曾是弗兰克·劳埃德·赖特的学生；在许多家学院和大学担任工业和环境设计的讲师和教授；任联合国教科文组织和世界卫生组织的设计专家，著作广泛。1998年在美国的堪萨斯州去世。

维克托·帕内克的工作与社会和环境问题密切相关：在他1971年的出版物《真实世界的设计》中，帕内克反复劝诫设计师们要担起设计更加人性的世界这一责任，这本书也是设计领域广为流传的著作之一。比起那些最早被创造出来的豪华奢侈的商品，设计师们更应该为大众设计出一个人性化的环境，包括那些贫穷、孤老的弱势群体。在帕内克的设计中，那些让消费者可以在家里组装的模数化家具设计，引领了今天的工业设计标准。他与联合国教科文组织的合作，为那些不发达国家设计出了一系列独特产品，包括众所周知的用锡罐当作无线电接受装置的传奇。帕内克最初的灵感是得知美军在文盲比率较高的国家，信息传输受到障碍的报道后，与乔治·泽格一起发明了这个装置。锡罐天线由蜡和蜡烛芯作为动力，这主要依赖蜡烛的燃烧，同时可以采用纸或干牛粪等其他易燃材料来代替。因为担心锡罐这种无线电装置造价过于廉价——制作成本只需九分钱，会被用来扩大共产主义者的思想宣传，美军最终并没有采用这种装置。没过几年，联合国教科文组织改良了该设计，并在印度尼西亚推广使用。

锡罐制作的无线电接收装置，维克托·帕内克设计，联合国教科文组织改造，1965年

瓦尔特·皮希勒
(Walter Pichler)

1936年生于意大利的多伊奇诺芬；1954年搬到维也纳，在维也纳应用艺术大学学习图形设计；经常参加展览活动。工作生活在维也纳和St. Martin an der Raab。

瓦尔特·皮希勒在意识形态上，并不认为雕塑、建筑、设计之间存在差异性。在他的艺术生涯中，不同的趋向都有明确化的表现形式，这些表现不仅仅是按部就班的排序，而是源于兴趣、材料以及挑战中不断探索的变化。作为自我意识强烈的艺术家，皮希勒总是决定了就去行动。从1966～1969年，他创造了一系列名为"原型"的雕塑——其形体具有设计美感，主题内容是表现一系列的科技发展，两者互相呼应，手工雕塑也使得它们作为艺术作品而得到认可，这也是皮希勒的意图。1966年，斯沃博达 (R. Svoboda & Co.) 公司年轻的总裁彼得·内弗邀请瓦尔特·皮希勒设计开发一种铝制椅子——"银河一号" (Galaxy 1)，它的材料和美学品质具有与"原型"一样迷人的科技魅力，并且适合当时那样一个认为科技万能的时代 (太空漫游的早期)。"银河一号"和"银河二号" (1968年) 椅子，作为设计产品，对于它们的描述、包装、广告照片都是为了扩大市场和媒体宣传。这时，他并没有太过看重消费者市场，而是依旧着迷于对形式和材料的处理手法。皮希勒的所有作品都是其勤奋所致。他的商业设计在为维特曼公司完成座椅家具原型后结束；他的职业设计生涯一直延续至今天，其设计的产品有物品、雕塑、空间和建筑。即使是现在，要为皮希勒的历史地位定位，仍然是很困难的。因为他究竟是一名创造雕塑空间的艺术家，还是一位发展了空间与形式的建筑师或设计师？例如他还为锻工房 (Haus bei der Schmiede) 做过家具，所以这并不容易判断。

银河一号，瓦尔特·皮希勒设计，斯沃博达办公家具公司产品，1966年

约翰内斯·施帕尔特
(Johannes Spalt)

1920年生于格蒙登,在萨尔茨堡州立建筑学院学习,在格蒙登和维也纳作为建筑师自由从业。在维也纳美术学院师从克莱门斯·霍尔茨迈斯特进一步深造建筑学,1952年四人组的始创成员,1969年成立自己的工作室,1973～1990年在维也纳应用艺术大学担任教授和校长。现在维也纳居住和工作。

最初在a4的工作中,约翰内斯·施帕尔特主要从事家具设计。在20世纪60年代早期,他开始与维特曼的长期合作,他们的合作产生了"约瑟夫·霍夫曼更新版"。出于对可移动、带铰链、可折叠等性能的家具设计的痴迷,施帕尔特与弗朗茨·维特曼合作开发了第一代沙发床康斯坦斯(1961年)和丹尼斯(1965年),进一步的组合式家具,包括了用五个相同尺寸枕头装配起来的扶手椅(1966年),舞台桌子(1988年)。施帕尔特勤于系统性思考,他的设计过程涵盖了学识和思想,从而可以设计出构思巧妙的现代家具作品。

左图:Zerlegbarer Feuteuil mit fünf gleich grossen Pölstern沙发,约翰内斯·施帕尔特的设计,乌尔班-瓦尔穆特公司产品,1966年;
右图:Tobleautische,约翰内斯·施帕尔特的设计,布劳恩&泽内公司产品,1988年

豪斯－鲁克尔
(Haus-Rucker-Co)

劳里德斯·奥特纳，1941生于林茨；在维也纳工业大学学习；1976～1987年，任林茨艺术大学的教授；从1988年开始担任杜塞尔多夫州立艺术学院的建筑学教授。

京特·察姆普·克尔普，1941年生于比斯特里茨(Bistritz，罗马尼亚)，1944年移民到林茨；在维也纳工业大学学习，后任教职。搬往杜塞尔多夫后担任多种学科的教授之职。

曼弗雷德·奥特纳，1943年生于林茨；在维也纳应用艺术大学学习，1966～1971年任该校教职；从1994年以来担任波茨坦大学的设计教授。

克劳斯·平特，1940年生于雪尔丁，作为一名优秀的艺术家曾居住工作于维也纳和巴黎；还曾在纽约现代艺术博物馆、巴黎蓬皮杜艺术中心、维也纳的阿尔贝蒂纳等地工作过。在团队里工作直到1977年。

1967年，豪斯－鲁克尔设计团队在维也纳成立；1970年，首次搬往杜塞尔多夫，之后又搬往纽约。1992年团队解散。

豪斯－鲁克尔的意思是指作为建筑师和艺术家的他们最初合作的地方（豪斯鲁克是上奥地利的一个山脉），同时也暗喻了他们的意图：房屋应该改变，应该为新生事物制造空间。起初，豪斯－鲁克尔主要关注扩大交往意识的概念，在思维拓展项目下创造艺术品和空间装置，项目的主旨是要产生新的物质和精神尺度，并加强人与人之间的交往。他们试图通过诸如 Pneumacosm 这样的生活单元，为未来巨型都市生活质量的提高打下一个基础。豪斯－鲁克尔的重要意义在于他们把工作室和活动计划放在了公共场所，以便研究尽可能多的人群。但是在20世纪70年代早期，出现了经济发展受工业化影响的公共言论，这给他们对未来乐观的展望和特有的主题风格笼罩上了阴影。60年代那个愉悦多彩生活的制高点——充气(pneumatic)居住单元项目，成为他们不受外界环境干扰的一把保护伞。然而，豪斯－鲁克尔有意不融入社会的主流，他们的目标就是通过"临时性建筑"和理论书本引导客观世界进入他们的讨论。随着赫尔穆特·格索尔波特内尔在林茨发起的"设计论坛1980"展览上他们在设计和构思的展出，豪斯－鲁克尔在宣传其设计理念上迈出了重要的一步，即引起了重要国际社会机构的注意。

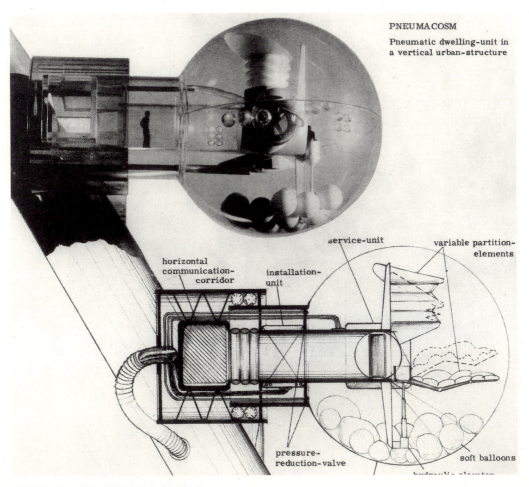

充气居住单元，豪斯－鲁克尔团队设计，1967 年

恩斯特·W·贝拉内克
(Ernst W.Beranek)

1934年生于维也纳;在维也纳应用艺术大学学习,并从1963~2003年在该校担任讲师;1974年成立I.D.Pool(与哈里·库贝尔卡一起)。客户包括班尼、博格、MAM、ÖBB、斯杜拜和索涅特;受到国内外的一致好评,并因为MAM婴儿用品等设计而获奖。生活和工作在维也纳。

恩斯特·W·贝拉内克,从1963年起作为独立的设计师,也是奥地利工业设计领域真正的先锋派之一。在完成木匠的训练后,他又师从于奥斯瓦尔德·黑尔特。从1958年开始,在他状态最佳的设计阶段,他最先和弗朗茨·霍夫曼一起研究纯粹的工业设计。在与哈里·库贝尔卡的合作,以及与迪特马尔·瓦伦丁伊奇的早期合作过程中,贝拉内克一直不变的目标就是创造那种简单易用的产品。例如从70年代末以来一直使用的MAM婴儿橡皮奶嘴和奶瓶,索涅特家具,以及斯杜拜公司的锤钳。从1963年开始,贝拉内克在维也纳应用艺术大学作为一名教师培养奥地利的下一代设计人才,直到他退休。

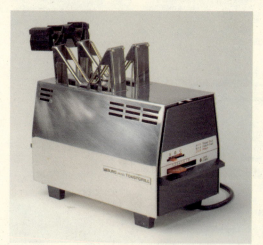 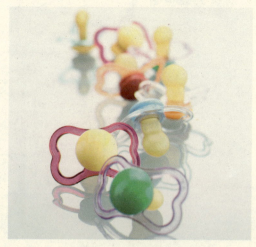

左图:布尔格机械烤肉架,恩斯特·W·贝拉内克设计,康拉德·布尔格公司(Ing. Dr. Konrad Burg)产品,1967年。
右图:"空气"(Air)橡皮奶嘴,恩斯特·W·贝拉内克设计,MAM婴儿物品,2000年

恩斯特·格拉夫
(Ernst Graf)

1939年生于维也纳；从1946年开始居住在美国的匹兹堡；1955年返回维也纳；在维也纳应用艺术大学向奥斯瓦尔德·黑尔特学习产品设计。客户包括AKG、安格尔眼镜、AVA银行、奥地利广播集团和维特曼公司；屡次荣获国家设计奖项；与AKG多次合作。现居维也纳。

恩斯特·格拉夫把自己定义为一个有整体感的设计师，对于那些在设计站稳脚跟之前受过教育的一代来说，传统规定性的差别是毫无意义的。格拉夫的工作涉猎甚广，不仅是一名时尚设计师、图形艺术家、舞台设计师，还是一名具有艺术家性格的商品广告设计师。

他的委托项目来自各个行业，有技术性很强的项目，如ORF广播网络的设计或AKG的D202麦克风设计；有舞台设计，如非常著名的家庭秀"你的愿望是什么"的场景布置；有展厅设计，如列支敦士登宫殿设计中心的阴与阳（Maskulin Feminin）；还有在1967年为他那失去一只眼睛的朋友肯·多纳许设计的眼镜。格拉夫带有神秘主义和亚洲萨满教特征的行为以及他练习瑜珈术的习惯，都深深地影响着他的人生和设计方式。

左图：一点上的椅子，恩斯特·格拉夫设计，1987年。
右图：肯·多纳许戴着恩斯特·格拉夫为他设计的眼镜，1967年

奥地利广播集团
(ORF Austrian Broadcasting Corporation)

前身是1924～1938年的RAVAG；1935～1939年广播中心在维也纳成立，建筑师是克莱门斯·霍尔茨迈斯特；1955年成立奥地利无线电广播；1958年奥地利广播集团(ORF)成立；1968～1976年，ORF媒体中心大楼在维也纳的第十三街区建成，建筑师是罗兰·雷纳；1968年，埃里希·佐科尔(1933～2003年)任艺术总监；1992年，集团标志由英国设计师内维勒·布罗迪重新设计。

奥地利广播集团(ORF)是一家权威的公共广播电视台，有着众所周知多变的历史，并且时刻适应着转播科技的发展。正因为如此，它不但在教育、信息、娱乐、体育上为几代人作出了贡献，还是奥地利特色和公共设计文化的一部分。ORF在早期奋斗阶段就意识到他们的这种责任所在，因而从建筑的视觉形象开始就注重集团的整体性特色。罗兰·雷纳设计了集团位于维也纳屈尼格尔贝格(Küniglberg)山的媒体大楼方案，建造时间则从1968年直到1976年。集团总裁格尔德·巴赫尔的目标是大楼从建筑到器材设备都要反映出ORF是一个拥有先锋科技力量的企业。古斯塔夫·派歇尔也把这种态度贯彻到大楼里每一个工作室的设计中。艺术总监

埃里希·佐科尔从1968年起又进一步发展了ORF的企业形象，他依然把代表企业形象的银色作为主色，辅以红、白、蓝三种颜色，又加入了著名的ORF眼睛标识。这款设计很快就成为无所不在的符号：出现于电视机的屏幕上，转播车上，体育记者服上。佐科尔还设计了极具美感的试验性活动工作室，这使得企业取得了偶像般的地位。当日益发展的企业变得越来越综合复杂的时候，设计新的标志也势在必行。1992年，标志的视觉图形修补设计开始了。在印刷商内维勒·布罗迪的指导下，ORF眼睛变成了背景，同时创造出独特的ORF字体，这个ORF的立体形象开始成为中心元素。同时，ORF也不断地与艺术家和建筑师合作设计它的广播大楼：阿尔弗雷德·塞德尔多年来一直作为企业室内装饰的艺术总监，恩斯特·格拉夫设计了银色的室外转播车，费希(veech)媒体建筑设计了新闻间——它还获得了2003年度奥地利国家设计奖，同时也给每一个直播间都带来了高质量的设计。传统的播报方式，即工作室到直播室这种转化形式的消失——仅仅是想到了移动电话接受信息的可能性——却为维持集团的凝聚力增加了新的兴奋点和新的可能性。

157

左上图：恩斯特·格拉夫设计的 ORF 室外转播车，1990 年。左中图：ORF 室外转播车细部，1990 年。
右上图：Zeit im Bild，费希媒体建筑设计的新闻间，ORF，2003 年。左下图：ORF 字样的标识，埃里希·佐科尔设计，1968 年。
下中图：ORF 标识，内维勒·布罗迪设计，1992 年。右下图：ORF 标识，内维勒·布罗迪设计，1992 年

格蒙登瓷器
(Gmundner Keramik)

1903年，利奥波德·施莱斯(1910年逝世)在格蒙登创立格蒙登陶瓷工厂(Gmundner Tonwarenfabrik)；1909～1923年，成为了艺术家弗朗茨和埃米莉·施莱斯的工作室；从1923年起，公司几次易手；1968年，约翰内斯·霍恩贝格买下并与陶器艺术家古德龙·鲍迪施(1907～1982年)合作，集中在厨房用具的生产；1997年，公司被J·格拉夫冯·莫伊收购。

格蒙登瓷器制造公司(Gmundner Keramikmanufaktu)的前身来自两部分：其一是格蒙登陶瓷工厂，在20世纪早期制造炉灶瓷砖和带有杂色的绿色盘子、碗和杯子；其二是1909～1923年的弗朗茨和埃米莉·施莱斯艺术家工作室。格蒙登瓷器制造公司沿袭传统设计，生产装饰丰富的物品，与维也纳艺术工作室合并成为维也纳与格蒙登联合瓷器制造公司，并借此召集有名望的设计师为公司设计产品，包括迈克尔·波沃尔尼、达戈贝特·佩歇尔和瓦利·维泽尔蒂尔等。维也纳与格蒙登联合瓷器制造公司在1923年关闭后，公司经历了一段极为动荡的历史时期。在历经数次的易主后，约翰内斯·霍恩贝格在1968年买下了公司，并整顿重组转而生产陶制厨房用具；格蒙登瓷器上的绿色斑驳样式得到了成功的复兴。无论是住在维也纳还是造访维也纳的人都知道这个所谓"涂料号角"(painting horn)样式且带有简单装饰的日常用品——咖啡用具和餐具系列，直到今天还依旧畅销，公司在这期间已成为欧洲最大的瓷器制造商。

绿色斑纹的大水罐，格蒙登瓷器制造公司产品，1968年样式图案再次得到发展

海因茨·弗兰克
(Heinz Frank)

1939年生于维也纳,在维也纳应用艺术大学学习,师从于恩斯特·A·普利施克;1970年开始,主要从事艺术活动;设计办公室设备和个人家具配件,大量的设计作品在国际上许多博物馆和艺廊展出。

海因茨·弗兰克的理想状态是他所创造出来的艺术品在他死以后仍然存在。这种状态使得他的作品能够不依赖于他个人而独立存在,在作品被创造出来的一瞬就已经完全成为它们自己。在有限的生命历程中,弗兰克留下了比他所创造出来的作品更为本质的精华。所谓"孕育构思"就是在他长时间的思考与实践后,创作灵感突然闪现,从而实现了思想和情感的统一。但是,材料和形式的问题却立刻摆在他的面前,他必须一次又一次地接受没有合适的材料和形式来实现他的意图这一现实。弗兰克确定形式和设计的想法是:"将不成形转化为有形"。他所有的绘画和设计产品的起点都是带有简洁感或品牌形象的。一个例子就是他在1969年为一个私人客户设计的一个躺椅。这个长椅最初的灵感是他童年的回忆——看到俄罗斯农民们靠着刚收获下来的土豆堆休息。躺椅由一个铁质框架、填充羽毛的靠垫和铝管组成,它的高度还可以根据荷载进行调节。1972年,在彼得·内弗的鼓动下,家具制造商斯沃博达收购了躺椅的设计,作为"办公室休闲椅"进行生产,然而却仅仅制造了三件。

左图:"椅子也有灵魂"(Sitz doch Seele),海因茨·弗兰克设计,1980年。
右图:休闲躺椅,海因茨·弗兰克设计,1969/70年

蓝天组
(COOP HIMMELB(L)AU)

沃尔夫·德·普瑞克斯，1942年生于维也纳；分别在维也纳工业大学、伦敦建筑学协会(AA School)和南加州大学建筑学院学习。

海默特·斯维茨基，1944年生于波兰的波兹南；在维也纳工业大学和AA学习。

1968年，两人合作成立建筑公司；1988年在洛杉矶成立工作室；2000年在墨西哥的瓜达拉哈拉成立蓝天组；两人具有典型的解构主义风格，设计完成过多项著名的国际住宅项目和文化建筑；荣获诸多奖项和声誉。

"蓝天组不是一种风格，而是一种用想像去创作建筑的理想，像云一样的快乐和飘忽"，本着这样的信念，沃尔夫·德·普瑞克斯、海默特·斯维茨基和赖纳·M·霍尔策（1971年离开）在1968年开始阐明人们习惯中的建筑束缚了人的个性。受到"让城市如空气一般的流动"这一愿望的激励，在开始阶段团队创造了一些充气产品，如罗莎别墅（1968年）、云（The Cloud, 1968～1972年）和白色套装1969年），并且在公共空间组织各种活动，包括"无休止的边界"（Restless Sphere）、维也纳城市足球比赛（1971年）、超级夏天（1972年），努力摧毁在设计、艺术、建筑之间的壁垒，唤起城市里新的行为方式。从70年代末期开始，蓝天组的言论变得更有挑战性，很明显的体现就是那些有计划的战争般的宣言，反对"后现代的伪装"，赞成"破坏性美学"的理论，这促使了混凝土建造房屋方案的实施，如里斯酒吧间（1977年）和红色天使（1980年），两者皆在维也纳，预示了蓝天组解构主义的态度。蓝天组的设计方案有：为炊具制造商EWE（始自1973年）设计具有Loft风格和EWE特征的"多倍时间"（Mal-Zeit）炊具，为家具制造商维特拉设计的福德尔（Vodöl）椅子（1988年）等等，这些方案既是解构主义思想的体现，也是支持客户设计意象的策略。蓝天组在国际上被公认为是解构主义的典型代表，他们完成了很多著名的工程，诸如维也纳法尔科大街的屋顶改造工程、法国默龙色纳城的整体规划，德国德累斯顿的UFA电影院中心，SEG塔楼公寓，SEG公寓大楼停车库，维也纳的公寓大楼B号煤气公司，以及慕尼黑美术学院的附属建筑。现在在建的工程有慕尼黑的宝马汽车总部，美国俄亥俄州的阿克伦城艺术博物馆，丹麦奥尔堡音乐屋，法国里昂的汇合博物馆（Musée des Confluences），法兰克福的欧洲中央银行。

白色套装（The White Suit），蓝天组设计，1969 年

汉斯·霍莱因
(Hans Hollein)

1934年生于维也纳;分别在维也纳美术学院、美国芝加哥伊利诺理工学院、加州大学伯克利分校学习;1963~1964年和1966年担任华盛顿大学客座教授;1967~1976年在杜塞尔多夫艺术学院任教授,1976~2002年在维也纳应用艺术大学任教授;1966年获雷诺兹纪念奖;1983年获奥地利国家奖,1985年获普利茨克建筑奖;设计完成很多纪念性和文化性建筑,包括维也纳的雷蒂蜡烛店、维也纳士林Ⅰ(Schullin Ⅰ)和士林Ⅱ珠宝店、门兴格拉德巴赫的城市博物馆、法兰克福现代艺术博物馆、维也纳的哈斯大楼、利马的国际银行、奥弗涅的武尔卡诺博物馆。

年轻时候的汉斯·霍莱因就因为设计雷蒂蜡烛店(1964~1966年)而蜚声海内外,他发表在《建造》杂志上的宣言"一切都是建筑"(1967年)也常被人们所引用。霍莱因关注于从根本上破除建筑的壁垒,将建筑作为一种交流的媒介进行再定义,这种再定义是采用非结构性手段去塑造我们共有的行为以及广泛意义上的周边环境。他从一开始就坚持全面的建筑观,这不仅体现在与设计有关的展览中运用了戏剧性的概念性手法,如1966年维也纳应用艺术博物馆的精品展、1968年米兰的Austriennale展、1972年维也纳设计中心的纸作品展、1976年纽约库珀-休伊特国家设计博物馆的MANtransFORMS展;而且还体现在他作为维也纳应用艺术大学工业设计系教授期间,针对当时盛行于工业设计中的问题,激烈反对在系列化产品项目中人们对于设计原则、一次性手工艺品与艺术性作品之间重视程度的大不相同。霍莱因的许多设计方案都打破了纯功能主义的束缚,并且充分展示了极具象征性的因果关联。举例来说,为阿莱西公司设计的茶和咖啡套具——"咖啡与茶的广场"(Coffee and Tea Piazza),按照鸟瞰的视点来进行构思,将托盘设计成飞机状来为客人服务,一部分用螺丝拧紧在一起,根据由飞机跑道概念所勾画出来的精确原则来做整体性设计。器皿在托盘上的"起飞与降落"实体化了使用者的时空感,并且讽刺了设计产品在仪式上使用的复杂性。

163

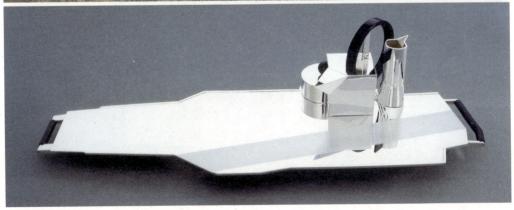

上图:移动的办公室,汉斯·霍莱因设计,1969年。
下图:"咖啡与茶的广场"(Coffee and Tea Piazza),汉斯·霍莱因设计,阿莱西公司产品,1986年

片断N
(Section N)

1971年，作为商店和展览场所的片断N，由卡塔琳娜·内弗和彼得·内弗创立于维也纳的城市中心；为其设计产品的设计师有阿尔瓦·阿尔托、马里奥·贝林尼、马塞尔·布罗伊尔、阿切勒·卡斯蒂格利奥尼和施特帕恩·韦威尔卡；还有一些匿名的产品，例如"奥塔克林格尔"扶手椅，还有卡塔琳娜·内弗重新设计的"許特尔多费尔"钢管书桌；主要的展览有：马里奥·特尔齐克——弗廷德之外的觉醒空间 (Erwachen im Raum ohne Wtinde)，1976年；"Primavisione－匿名设计"——阿基利·卡斯蒂亚利奥尼选萃，1984年；Verspannungen—Gruppe Brand，1985年；1987年，片断N关闭。

片断N无疑是最早的概念设计品牌之一，甚至在概念设计这个词诞生之前就已经存在了。商店的立面风格与现代特征相协调，由汉斯·霍莱因设计。如同展览所取得的巨大轰动一样，片断N对于家庭生活用品的高品位选择也十分成功。作品的艺术性和设计感不但在概念上融合，在片断N的客户中也得到共鸣。卡塔琳娜·内弗经营的片断N，不但是一个住所、网络，还是一个集设计、建筑和艺术于一体的平台，用以展示当代艺术，揭示展览者和业主的人生态度。

卡塔琳娜·内弗在片断N商店前，立面由汉斯·霍莱因设计，维也纳，1971年

多米尼克·哈布斯博格
(Dominic Habsburg)

1937年生于索恩伯格;在奥地利、罗马尼亚、瑞士和美国长大;在美国罗德岛设计学院学习;1962~1975年在维也纳开办设计工作室;1975~1976年,作为奥地利专家,为联合国工业发展组织工作;1976~1985年在多米尼加共和国执行联合国发展计划,并且在安提瓜岛创办工作室,主要从事丝网印刷品和时尚设计;1986年移居纽约后,一直居住工作在纽约。

二战期间以及二战之后,多米尼克·哈布斯博格家的传统和政治活动导致了他在童年时期的颠沛流离;这样的经历从一开始就教会了他如何创造性地处理生活中的困难。生活这所学校也鼓舞他去面对错综复杂的职业性挑战,激励了他作为一名设计师去开展涉及多学科的思考创作方式。他为消费者设计的产品融合了科技和美学,并达到了最佳的平衡点。哈布斯博格在罗德岛设计学院学习期间,他遇到了一些在维也纳有着很高社会地位而又被流放的人们,这些人并不打算回去他们以前的家乡。为了给重建家园作些贡献,他在1960年返回了奥地利并开办了一家设计工作室,从事工业、图形和包装设计;其客户有诸如施特尔茨勒·奥伯格拉斯、里德尔、Neuzeughamrner Ambosswerke、贝恩多夫、索涅特和蒂罗里亚等公司。与此同时,他还创办新倍力股份公司的设计部,并负责整个新倍力产品系列的发展和设计,包括汽车轮胎、内部管道、医疗手套,以及船艇、空气垫、工作和运动专业鞋。

"水上蚤"瓦塞尔弗洛(Wasserfloh),多米尼克·哈布斯博格设计,新倍力公司产品,20世纪70年代早期

格哈德·加施滕奥厄
(Gerhard Garstenauer)

1925 年出生在 Fusch an der Glocknerstrasse；求学于维也纳工业大学；在夏季学院师从于康拉德·瓦克斯曼；1954 年起在萨尔茨堡开始建筑师生涯；在格拉茨工业大学学习期间发表了关于矿山投资的论文；在格拉茨工业大学、萨尔茨堡和因斯布鲁克的多所大学中任教；屡次获奖，其中包括 1973 年因设计施图布纳·科格尔的缆车而获得国家设计奖。

加施滕奥厄的作品已经横跨了半个多世纪，且与萨尔茨堡城及整个萨尔茨堡州关系密切。他的设计之匙从来不是一种幻想性的创造，而是来自数学体系和创造直觉的结合。他设计的建筑和产品都是如此真实。在 20 世纪 70 年代早期，加施滕奥厄为巴特·加施泰因地区和施波特加施泰因地区设计了滑雪空运站，这一方案跨越了建筑和设计的边界。由于阿尔卑斯山极其困难的营救环境——1600 米上每一个都缺乏自然定位，所以加施滕奥厄需要探索一种独立营救模式，他发现了一种在技术学和美学上都十分完美的结构：网状玻璃圆顶、铝杆框架的圆球体，巨大的玻璃面可以使人鸟瞰阿尔卑斯山的全景。施图布纳·科格尔缆车的设计也给人留下深刻的印象，加施滕奥厄做这个设计的时候用到了美妙的椭圆方案，根据调整后的特定尺寸，由这个方案所产生的空间实体保障了在三个轴线上的围合，而且还可以环视阿尔卑斯山。然而今日，在空运站运营了 20 年后，除了惟一的一个作为历史记忆尚在底部站台展出以外，所有的缆车都消失得无影无踪。

施图布纳·科格尔缆车，格哈德·加施滕奥厄设计，康莱堡城市船坞公司产品，1972 年

格哈德·加施滕奥厄为巴特·加施泰因地区和施波特加施泰因地区设计的滑雪空运站,兰舍芬金属制造联合公司产品,1972年

施华洛世奇
(Swarovski)

由丹尼尔·施华洛世奇（1862～1956年）于1892年创立；在波希米亚的格奥尔根塔发明了水晶珠宝的切割机；1895年，公司移往蒂罗尔州的瓦滕斯；1948年，施华洛世奇光学系统（Optik）成立；1976年开始，定位成为世界水晶加工市场的一个主要品牌。今属家族产业。

施华洛世奇的成功很大程度上取决于创立者丹尼尔·施华洛世奇，他在二十九岁时就发明了水晶切割机以生产水晶珠宝。为了防止仿效者窃取他的发明，施华洛世奇从波希米亚搬到了蒂罗尔的瓦滕斯，瓦滕斯也因此成为施华洛世奇的总部。1919年，丹尼尔·施华洛世奇开发了自己的磨轮，并命名为泰利莱投入市场。今天，泰利莱已经是欧洲市场的名牌，并且成为水晶加工领域中世界范围的顶级公司。1948年，生产精密光学设备的施华洛世奇光学系统成立，同样也成为世界市场上的重要角色。1976年，施华洛世奇开始定位为一个品牌。当水晶宝石的订单业务受到石油危机的威胁而濒临绝灭时，一名技师把一块水晶枝形吊灯上的宝石加工成为小水晶老鼠，从而诞生了一个附送赠品的新部门，并挽救了订单业务。这些闪闪发光的切割体，那时已经超过了120种不同的样本，能够在全世界的商店和艺术品店面中看到。1987年以来，施华洛世奇水晶建筑在建筑和室内设计领域一直代表着一个标志。公司还一步步地完善了传统的水晶枝形吊灯，使之闪闪发光。公司除了与建筑师们合作生产产品，还签约著名人士如格奥尔格·巴尔德勒作为水晶宫系列的设计师。1989年，施华洛世奇的连锁服装设计公司"丹尼尔·施华洛世奇·巴黎"开业，上市之初还配有时尚饰物如迷人的水晶网状手提包、项链、耳饰。1997年，产品范围进一步扩展，包括眼镜防护水晶系列，由施华洛世奇研发并得到生产许可。2002年，开发了首个家庭用水晶装饰产品。2005年，施华洛世奇开展了全球消费领域的设计策划，所有商品的设计都基于一个中心主题。目前的第一个主题是冰，作品包括：海豹和北极熊形状的饰品，宛如雕琢于冰中的珠宝，表面如真冰般光滑的花瓶和碗。

图示为施华洛世奇水晶产品：
上图："闪烁之箱"（Glitter Box），格奥尔格·巴尔德埃勒设计，2002 年；下图左一：小水晶老鼠（Maus），马克斯·施雷克设计，1976 年；下图左二：冰山（Iluliac Iceberg），马里奥·迪利茨设计，2005/06 年；下图右二：墨水瓶（Ink vat Balance），达尔科·马丹诺维奇，2002 年；下图右一：米利克碗具，马丁·岑德龙设计，2005/06 年

罗伯特·M·施蒂格
(Robert M. Stieg)

1946 年生于因斯布鲁克，在维也纳应用艺术学院学习；1973 年开办了自己的工作室；与设计师和艺术家同好们暂时性合作；从 1976 年开始，撰写社会性批判作品，文学作品以及参与出版活动；1983 年在维也纳应用艺术学院任讲师。1984 年在维也纳去世。

对于罗伯特·玛丽亚·施蒂格来说，捍卫"真实设计之道"是绝不能妥协的，他认为只有能体现社会进步的产品才具意义。他所有的设计产品都反映了这一点，特别是他在 1975 年为自己的工作室设计的办公桌组合——包含了一个中心圆筒，作为文件存储的空间，三个工作台由这个中心圆筒滑出，这种办公形式摆脱了等级关系的束缚，自然引发出和谐的工作团队。斯沃博达办公家具实现了用计划性的团队组合来代替个人独自苦干的概念，并且在年轻的管理者彼得·内弗经营下，施蒂格桌子组合在 1977 年以"如此主动"（Initiative So）的名字进入市场。基于成熟的市场策略，家庭装修行业"曾在短暂的空隙期间利欲熏心，生产了一些缺乏想像力的无趣的过剩产品"，迫使使用者处于一个"无法持续消费"的地步。关于这点，施蒂格认为这是"整体上创造力和文化上的停滞"。他的展览"不完整的家具"（1978 年）和"慎重：室内装潢"（1979 年）清楚地指出了产品发展的趋势。

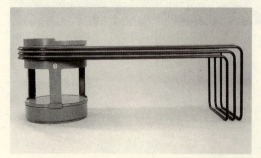 

左、右图：开关自如的"如此主动"桌子组合，罗伯特·玛丽亚·施蒂格设计，斯沃博达家具公司产品，1977 年

克里斯蒂安·芬茨尔
(Kristian Fenzl)

1946年生于维斯；在维也纳应用艺术学院师从于弗朗茨·哈格瑙尔学习金属设计；1979年开始任罗森鲍尔的设计师，获奖无数；1976年起，在林茨艺术学院担任教授。屡次出国参观访问；1984年，成立民族设计学院。现居住并工作在林茨。

一个机器，雕刻般的产生方式，功能清晰明确，具有说服力并极具逻辑感的形式。这就是克里斯蒂安·芬茨尔在维也纳应用艺术学院学习的金属设计，而非雕刻。虽然如此，

芬茨尔在设计朴素的日用品时，依然能够像雕刻家一样给设计注入丰富的情感，他的作品不仅能够取悦日常消费者，同时还能得到一些专业领域如掘土机司机和消防员的认可。与此同时，芬茨尔的工作方法清晰而又直截了当；他的设计之本是精密的计算，对实际对象及相关文化背景条件的研究。对他来说，挑战来自与客户（如辛辛那提的米拉克龙公司，奥地利弗朗纽斯公司）的合作过程，如同他为罗森鲍尔所设计的消防车一样，使设计成果能够位列世界顶级产品的行列。

左图：路面滚筒车的原型，克里斯蒂安·芬茨尔设计，奥联钢（VOEST-Alpine）公司产品，1977/78年。
右图："美洲豹"消防车，克里斯蒂安·芬茨尔设计，罗森鲍尔公司产品，1990年

费迪南德·A·波尔施
(Ferdinand A. Porsche)

1935年生于德国的斯图加特，是费迪南德·波尔施的孙子，毕业于德国乌尔姆设计大学；1972年，成立保时捷设计工作室；1974年，工作室搬往萨尔茨堡的策尔湖畔。2003年，该工作室被整合进保时捷设计集团。

费迪南德·亚历山大·波尔施23岁就进入保时捷KG，并且在四年后掌管汽车设计工作室。他负责开发设计了著名的911原型。费迪南德·A·波尔施开办了自己的工作室，并与他的团队设计了一些经典的男士配件，如手表、眼镜、书写工具等，并将其品牌命名为"保时捷设计"。同时，以此品牌F·A·波尔施为国际客户提供了大量的工业产品和消费商品。保时捷所有产品的设计都十分注重功能实用性，并在此之上发展出个性化的风格，这种风格不断地完善，进而形成了保时捷设计团队的创造性产出。2003年，与保时捷设计和保时捷股份公司留存的董事会成员一起创立了新的公司 Porsche Lizenz-und Handels-GmbH，保时捷股份公司占主要股份。新公司的任务是充分利用保时捷这个名字的潜力：费迪南德·A·波尔施创立的保时捷设计，被定位为一个奢华的品牌，其旗舰店遍布世界各地，同时具有国家授予的特许经销权以及拥有店中店的合作伙伴。

左图：AMK可选择性摩托车概念，"保时捷设计"产品，1984年。
右图：保时捷设计中心的专属镜片，"保时捷设计"产品，1978年

维尔纳·赫尔布尔
(Werner Hölbl)

1941年生于维也纳,最早学习汽车车身的构造,之后在维也纳应用艺术学院进修;1965～1968年作为汽车设计师在吕塞尔施姆和意大利的都灵工作;1968年,在都灵开办自己的设计工作室,多次获奖。从1972年至今,生活和工作在维也纳。

作为一个维也纳汽车车身制造商的儿子,孩童时代的维尔纳·赫尔布尔就已经不厌其烦地一次次拿汽车做画。在完成汽车车身铸造技师的考试后,他坚定了自己日后将成为一名汽车设计师。由于学院的课程脱离了实践工程,在完成两个学期的学习后他就离开了学校,于1965年开始作为通用汽车的学徒学习汽车设计。1967年,他前往意大利,担任奥利维蒂(服务于菲亚特、阿尔法·罗密欧等公司)旗下一家产品开发公司OSI的总设计师。1968年,赫尔布尔在都灵开办了自己的设计工作室,客户包括乔治亚罗、皮尼法里纳和宝马汽车公司。1972年在他返回奥地利以后,很快便开办了国内第一个专门从事工业设计的工作室。从那时起,他就开始了与莱卡微系统设计和施华洛世奇光学设计的密切合作。维尔纳·赫尔布尔认为一个好的设计不仅要考虑到人和科技之间的关系,还要体现出人们的心理感受。忠实于这样一种信念,他在开发一个新产品的过程中,会从特别细节的地方去思考使用者的特殊需求,而且会在他的工作室内加工整比例的模型,用来检测他设计上的可行性。维尔纳·赫尔布尔为施华洛世奇设计的哈比希特SL,是世界上第一对塑料泡沫包裹目镜的双眼望远镜,其良好的触感得到了使用者的欢迎。这项设计上的革新成就标志着施华洛世奇光学设备当前设计战略的开端。

哈比希特SL望远镜,维尔纳·赫尔布尔设计,施华洛世奇光学系统公司产品,1979年

班尼
(Bene)

1790 年成立,起初为一家木工店铺。1951 年专门生产办公家具并开始工业产品的设计;从 80 年代开始,出现在国际市场并扩展到整个欧洲。今天,由班尼家族和 UIAG 集团共同所有的班尼已经成为欧洲办公家具暨物品一体化方面的顶尖的公司。

很长时间以来,班尼在把办公室作为一个场所定义时,不仅仅将其看作是办公实用主义的产物,更主要还是一个融合了社会需求、技术和科学发展、本体特性和文化性的生活空间。对班尼来说,办公室是一个"热情高涨的地方",其设计是构成公司文化十分必要的一部分。从 20 世纪 60 年代以来,班尼品牌就站在整体的视角上将办公室作为生活环境来设计。班尼主张"概念和产品的二元性",把注意力集中在整体空间上,而不仅是个体家具片断。在座右铭"热情与梦想"的激励下,今天的公司董事会主席曼弗雷德·班尼为公司在 90 年代的国际化打下坚实的基础,并因为产品设计的卓越质量提供了经济后盾。班尼的办公室概念和产品在文化立场上的表达,就像它为下奥地利威德霍芬(Waidhofen/Ybbs)公司的主要办公室和陈列室所设计的那样,给人留下深刻的印象。有很多著名的建筑师和设计师加入到班尼这个设计团体,其中之一的劳里德斯·奥特纳,作为班尼思想的关键人物,为公司服务了 30 年。与班尼合作期间,他在 1977 年开发了多层次工作间;还在 1981 年创造了 OL 管理计划,直到今天,该计划的改进版设计产品还依旧在销售。班尼因为在设计上多年的奋斗历程而获得奥地利国家设计奖,这也进一步确定了他们的文化使命。班尼设计团队中的克里斯蒂安·霍默、约翰内斯·舍尔、凯·施塔尼亚也都赢得了国际上的奖项。"班尼设计"代表了简洁与清晰而并非严格意义上的纯粹主义。对于班尼来说,设计办公空间就是一个空间管理的过程。随着"集合办公"(Compact Office) 概念的出现 (1998 年,与劳里德斯·奥特纳合作开发),班尼定义了这种空间并且发展了一种交流和计划性的设计方式,从而从空间上实现客户的特殊需求。"集合办公"是一个量体裁衣的解决方案,可以满足多种不同办公区的设计要求。很多国际上著名的大公司如伦敦证券交易所、日内瓦的保罗·拉尔夫·劳伦公司、莱比锡的宝马公司,都信任并采用班尼的办公室设计。班尼公司的使命是:"通过一个可视的空间概念来表现客户的企业个性、价值和文化,从而为客户的成功作出贡献",这也验证了班尼对待设计的远见和态度。

图示为班尼产品:
上图:OL 管理计划,劳里茨·奥尔特讷设计,1981 年;
左下图:欧洲中心的集合办公室,柏林,2001 年;
右下图:计算机操作员的集合办公室,汉堡,1999 年

詹姆斯·斯科恩
(James Skone)

1948年生于伦敦,分别在伦敦和维也纳接受教育,在伦敦学习室内设计;1971~1978年在多米尼克·哈布斯博格手下接受职业培训;1979年开始独立实践;1987~2000年与马蒂亚斯·佩施克合伙工作;2000年开始其教学生涯;2003年至今在维也纳应用艺术大学任教授。获奖无数。现居住和工作在维也纳。

对斯科恩而言,设计是一种思想和行为分析的创造模式,并应用于个人和社会的转化过程。设计因此成为生命之成形的原则,以及打破界限的催化剂。斯科恩忠实于这种信仰,作为一名狂热的阿尔卑斯登山家和极限运动员,他于20世纪70年代初在阿尔卑斯山东部发起了所谓的无干扰攀岩:一种符合生态学的传统登山方式。1976年,斯科恩开拓性的冰川攀岩使他主动去设计一些必要的装备。在1978年的时候,他开发了可大规模生产的攀登墙。他还设计了攀登鞋,其特殊的鞋带设计可以根据脚掌所承受的负荷大小,来调整鞋子的尺寸。这些创新产品给斯科恩带来了更多的体育产品的设计委托,如费舍尔·斯基、蒂罗里亚、达赫施泰因、F2,以及一些阿尔卑斯运动产品的收藏家们(恩德、勒夫勒)。在与马蒂亚斯·佩施克合作中,斯科恩还为AKG、爱酷、培安和克洛马特等公司设计产品。后来,他集中精力去教书,在学校里他努力去促成一种集体意识,即设计的创作潜力是一种手段,可以创造性地影响人们的日常生活。自从担任维也纳应用艺术大学的教授一职后,斯科恩便把自己看作是年轻人的辅导员和良师益友,激励那些有才华的设计师们去实现与社会相关的设计方案。

为奥地利军队训练设计的攀岩墙,詹姆斯·斯科恩设计,卡岑博格公司产品,1983年

普林茨高/波德戈尔舍克
(PRINZGAU/podgorschek)

布丽吉特·普林茨高,1955年生于林茨,在维也纳美术学院学习。

沃尔夫冈·波德戈尔舍克,1943年生于斯洛文尼亚,毕业于格拉茨和维也纳的工业大学。

1985年,合伙成立普林茨高/波德戈尔舍克。

普林茨高/波德戈尔舍克游走于美术、建筑、设计和电影等艺术流派之间。他们关注政治、社会和生态问题,打破它们之间僵硬固执的边界,化解它们之间独立的系统,并展示出来。他们并没有优先处理设计产品的功能满意度,而是通过巧妙的主题创造一种新的用途。他们设计过程的起点是经常采用偶然的、不引人注意的材料如信封或包装物,并通过生活中普通流通渠道进入人们的家里。普林茨高/波德戈尔舍克认真地积攒这些设计素材,因为他们知道或许在某一个时间,他们还会推出新的形式和功用。

"顶部运转"科普弗劳夫(Kopflauf),普林茨高/波德戈尔舍克作品,1986年

卒托贝尔-施塔夫
(Zumtobel Staff)

1950年由瓦尔特·卒托贝尔创立，是一家用于生产电器和人造合成树脂的工厂；即现在位于福尔拉贝格州多恩比恩市的瓦尔特·卒托贝尔股份公司；今天，公司已经成为世界上未来派照明设计的领先者。卒托贝尔-施塔夫是卒托贝尔集团的一个品牌，包含两个子集团：一个是卒托贝尔-施塔夫和索恩（Thorn）照明集团，另一个是锐高（Tridonic Atco）照明组件集团。

卒托贝尔-施塔夫的愿望就是用光来创造各种感受，其核心就是人们的舒适度和在建筑环境中光的情感效应。产品适用于多种不同的功用：从综合性工业群、办公室、教育设施，到旅店、医院、体育设施、商店、博物馆、展厅，再到紧急照明设备和照明管理系统不一而足。卒托贝尔在创新性与照明能效科技性上的结合，以及为创造与众不同的设计方案而付出的努力，保证了整个产品系列的质量。产品设计本身从来没有终点：灯具的每一处形式语言都是在科技品质与灯光特征的不断对话中完善起来的。构成卒托贝尔对光的设想及其设计目标的基础是在与埃托奥·索特萨斯联合公司合作的过程中打下的，埃托奥·索特萨斯联合公司在1986年设计了著名的ID-S灯具。自从在建筑工程中与很多国际建筑师、设计师、灯光设计师合作后，卒托贝尔便开始有大量的灯具方案和产品创新出现。举例而言，专业灯具ID-KLP是专为汉斯·霍莱因的维也纳媒体大楼（Generali Tower, 1999年）设计的，其特殊的直接采光和间接采光分配方案，是根据日光来调节从而达到办公空间最佳的光环境。EOOS在维也纳A1-莫比尔科姆（A1-mobilcom）的旗舰店（2004年）内未来派的灯光设计概念与整个店面环境相得益彰。与EOOS的合作也使得卒托贝尔实现了VIVO点照明系统。通过房屋使用者手中的统一开关键，这种系统可以全方位地移动并且根据直觉而停止。由扎哈·哈迪德和帕特里克·舒马赫设计的限量版树枝形装饰灯VORTEXX（2005年）使卒托贝尔实现了环状灯带的概念，这个灯具产生的动态光可以演示出一种迷人的色彩变化，于空间中凸现出一个漂浮着的放射性发光体。

179

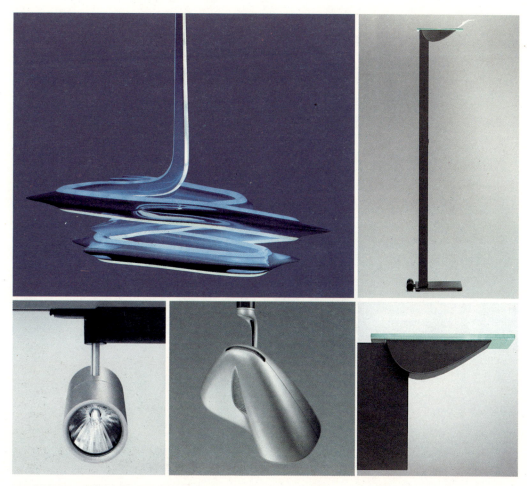

图示为卒托贝尔-施塔夫照明集团的产品：
上图左：树枝形装饰灯 VORTEXX，扎哈·哈迪德和帕特里克·舒马赫设计，2005 年；**上图右**：ID-S 落地灯，埃托奥·索特萨斯联合公司设计，1986 年；**下图左**：VIVO 点照明系统，EOOS 与卒托贝尔-施塔夫合作设计，2004；**下图中**：索拉 II 点照明系统，马西默·洛扎·格希尼设计，2004；**下图右**：ID-S 墙灯，埃托奥·索特萨斯联合公司设计，1986 年

迈克尔·瓦格纳
(Michael Wagner)

1953年生于德国的巴特贝乐堡。先后毕业于亚琛工业大学和巴黎艺术大学；1982～1988年在维也纳美术学院担任讲师；1996～1997年在格拉茨技术大学任讲师并独立开业；从1998年开始和格罗-瓦格纳合作。现居住和工作在维也纳。

迈克尔·瓦格纳在1982年来到维也纳。面对维也纳人特殊的建筑和设计理念，针对于孟斐斯，他开发了"W版"限量系列产品——采用边缘切割产品科技，七个不同构件的组合，遵循密斯·凡德罗的名言"少就是多"，产生出基于计算机作图设计、形式简洁、激光切割并且外观科技化的家具。在维也纳这个家具艺术之城中，他为工业设计产品给出了自己的注脚：无需矫揉造作，但要绝对有效。迈克尔·瓦格纳设计的凳子"坐"(sit down)仅仅生产了100个，但是媒体的宣传使这个产品激发了维也纳的设计氛围，这种启迪性的设计依然代表着20世纪80年代一种新的设计热情。

左图：迈克尔·瓦格纳设计的"W版"系列产品——酒吧手推车"卡迪拉克"，1987年；
右图：迈克尔·瓦格纳设计的"W版"系列产品——凳子"坐"，1988年

AKG

AKG——声学与剧院设备有限责任公司,由鲁道夫·格里克和恩斯特·普勒斯创立于1947年;1954年开其始国际化进程;1975～1993年几经易主;1993年AKG并入哈曼(Harman)国际工业;多次获得设计奖项。

在高质量的麦克风、耳机和一些用于无线电广播设备、演播室、汽车等专业设备领域,AKG是世界上主要制造商之一。AKG产品通过电子信号记录下自然的声音、乐曲和歌声,用于音频和精确的信息交流。公司现有已超过1500种世界范围的专利,包括一些电子声学领域中革命性的科技成就,这些都验证了AKG的创新能力。在与外聘设计师们合作的过程中,AKG每年大约可以投放出十种新型产品,合作者中包括了恩斯特·格拉夫、马蒂亚斯·佩施克、詹姆斯·斯科恩、格拉尔德·基斯卡和迈克尔·沙费尔等。设计师们独特的销售建议——结合极端功能化和显著的美学性——在产品设计中清晰地表现出来。

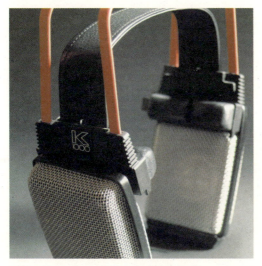 

左图:AKG 耳机 K 7000,佩施克 & 斯科恩设计,1989 年;
右图:AKG 麦克风 c414b-xls,佩施克设计,2004 年

赫尔曼·切赫
(Hermann Czech)

1936年生于维也纳,就读于康纳德·瓦克斯曼的萨尔茨堡夏季学院,在维也纳美术学院就读期间师从于恩斯特·A·普利施克学习建筑。除了建筑工程外,赫尔曼·切赫还因维也纳的咖啡馆和餐馆的设计而享有声誉,包括1970年和1973~1974年的小咖啡馆(Kleines Café)设计;1982~1984年的施瓦森柏格饭店地下室改造;1991年~1993年的MAK咖啡馆;1998~2000年的苏黎世全球对话中心——瑞士鲁希利康(Re Rüschlikon)家具设计(与阿道夫·克里施阿尼茨合作)。目前,切赫在苏黎世联邦理工学院任教,居住和工作在维也纳。

赫尔曼·切赫受益于阿道夫·路斯和约瑟夫·弗兰克,他曾非常投入地研究过他们的文章和作品。切赫本身也是一个颇有著述的建筑师,他发展了一套"规矩"的建筑语言,沉稳而又平实。他信奉路斯的信念,即每一种形式都必须建立在一个概念和一种思想之上。他的室内作品中的细部处理没有一处是随意性的,其设计之本或来自特定的环境,或历史背景知识,或基于他的信念——建筑服务于人的行为和舒适度。所以,切赫能让"安静平实的"建筑成为一件"为悦己者容"的作品。

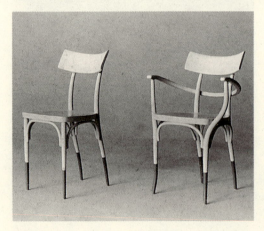

左图:模型1500,赫尔曼·切赫(与特尔曼·韦特尔原型合作)设计,最初为MAK咖啡馆设计,维也纳的索涅特兄弟公司,1991~1993年。右图:赫尔曼·切赫为瑞士再保险公司(Swiss Re)设计的扶手椅,2000年

诗乐
(Silhouette)

由阿诺德和安内利泽·施米德1964年在林茨创立；1965年，企业开始扩展；1969年，首次推出太阳镜系列；1974年，福图拉（Futura）太阳眼镜成功投放世界市场；1992年，人工合成材料SPX的发展促成了新的眼镜设计规格；1992年，纯钛（TMA：Titan—Minimal—Art）眼镜系列问世。公司现为家族所有。

轻如羽毛但非常坚固。纯钛的舒适度甚至使它们的太阳镜和眼镜防护具成为美国国家宇航局宇航员们的基础装备。纯钛眼镜还在国际T形台上引起了轰动，而且登上了顶尖时尚杂志。

诗乐公司创立之初就预见了眼镜将由简单的矫视工具变为一款时尚饰件。公司以一种非常独特的方式去实现这个目标：当其他制造商主要从事大众化产品之时，诗乐将目光集中在形式与功能的两重性，以及产品的高质量上。诗乐目前有员工1650人，每年能生产300万~400万副眼镜，其销售市场遍布全球。公司除了太阳眼镜系列和典雅、经典幻想、偶然这几种产品系列之外，其设计团队还为著名品牌阿迪达斯的眼部饰品和丹尼尔·施华洛世奇的水晶眼部饰品设计墨镜和镜架。在"纯钛"（TMA）样式的成功研发和市场运作后，诗乐已经达到设计的巅峰，并进入了国际顶尖的眼镜设计商行列。TMA样式无铰链，无螺丝，其镜架仅重1.8克，

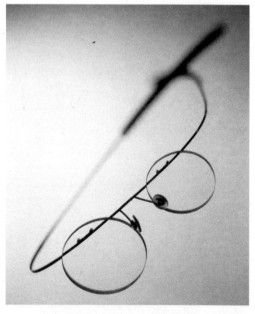

"纯钛"眼镜，格哈德·富克斯设计，诗乐公司产品，1992年

施米丁格莫杜尔
(schmidingermodul)

1995年，由沃尔夫冈·施米丁格和赫尔穆特·加勒尔在施瓦森柏格创立。2002年与人合作完成麻省理工学院本科生宿舍（Simmons Hall）、剑桥、麻省设计学院等处的室内设计。2003年，与建筑师斯蒂文·霍尔合作设计纽约的朗恩罗斯 Loisium。2000年，波恩的弗兰齐斯库斯教堂室内设计（与雕刻家莱奥·措格迈尔合作设计了教堂的靠背长凳和礼拜用家具）。

20世纪90年代初，作为施米丁格木工厂的木匠和管理者沃尔夫冈·施米丁格，与艺术总监赫尔穆特·卡勒合作生产了一系列硬木模型和木质模型。1995年，为了从传统的木工工厂中独立出来，他们成立了自己的公司进行设计、生产和销售。这家家具制造公司目标是能够生产高水平、高质量的产品，以及有着明确的系列化的设计。从一开始，施米丁格莫杜尔就努力去达到一个稳定的国际地位。在与哈里·科斯基恩、克里斯蒂安·施泰纳和伊姆加德·弗兰克等设计师们的合作过程中，团队设计的家具表现出简洁的加工方式与简约的风格，而且与所选用的材质特征相契合。通过分配一些产品到福尔拉贝格州的木工店铺，施米丁格莫杜尔还为本地的传统经济发展贡献了一份力量。

左图：方桌（block table），赫尔穆特·加勒尔设计，施米丁格莫杜尔公司产品，1992年。
右图：组合座凳箱（Fatty Containers），哈里·科斯基恩设计，施米丁格莫杜尔公司产品，1998年

克里斯蒂安·施泰纳
(Christian Steiner)

1961年生于艾森施塔特市,默德灵职业技术学校毕业以后,在维也纳应用艺术大学继续深造。1984年起作为自由设计师执业,其委托商包括施米丁格莫杜尔等公司。现居住和工作在维也纳。

功能性和简约性是克里斯蒂安·施泰纳作品的典型特征,由此他作品在外观上表现出的极少主义风格反映了一种对待生活的态度。施泰纳对事物的本质十分敏感,他的目标是去除不必要的构成元素,以提高作品的品质,结果导致一个简单到纯粹,但有着持久美学属性和功能性的物品。施泰纳重点强调灯具和座椅的设计。其作品所表现出的设计理念回应着如阿道夫·路斯和赫尔曼·切赫等维也纳人的模式。不矫揉造作,不扭曲失真,这就是施泰纳所追求的核心信念,这使他的作品独特而又平静。

左图:克里斯蒂安·施泰纳设计的"伊克斯"灯具,费斯特照明公司产品,1993年;
右图:克里斯蒂安·施泰纳设计的"德拉"椅子,施米丁格莫杜尔公司产品,1999年

格拉尔德·基斯卡
(Gerald Kiska)

1959年生于维尔斯，毕业于林茨艺术大学，在各种设计工作室历练多年，1990年创立基斯卡设计中心，1995～2002年作为格拉茨应用科学大学的创始者之一，担任该校的讲师一职。多次获得国际奖项，现居住并工作在安尼夫。

格拉尔德·基斯卡在设计生涯之初，认为在当时的维也纳这样一个工业小国是无法建立较大工作室的。然而，后来的事实让基斯卡意识到他最初的想法是错误的：创造有价值的产品，以及通过设计来改变世界的想法激励了他，在同时具备了创造与创业的专业才能后，基斯卡在很短的时间之内就创立了一个国际化的设计工作室。基斯卡现有员工70人，是欧洲最大的设计事务所之一，为享有盛名的客户如KTM、AKG、AVL李斯特、诗乐、奥迪、三菱、比亚乔和通用等大公司提供全方位的服务。除了工业设计，服务还包括处理和实现更全面的公司形象设计和广告概念设计。基斯卡的设计是建立在一个严谨并且概念性的步骤之上的。在每一个设计任务刚开始时，基斯卡及他的团队会和客户一起设计出企业的视觉标志，在这一标志有了清晰的轮廓后，所有相关内容才会有统一的视觉性和概念性的构思，进而规划出整个设计策略的进展程度。除了他们商业上的成功之外，这个过程也产生出一种设计理念，即将客户的核心品牌形象作为设计的重点。

格拉尔德·基斯卡设计的消防栓，MKE公司产品，1993年

马蒂亚斯·佩施克
(Matthias Peschke)

1948年生于维也纳，毕业于维也纳应用艺术学院，多次海外实习经历。1973年在维也纳开办自己的工作室，1987～2000年和詹姆斯·斯科恩合作开办事务所，2000年开始独自经营佩施克设计OE。曾多次荣获国际设计奖项，现居住并工作在维也纳。

设计是没有国界的语言，它可以激发人们活跃的情感。对马蒂亚斯·佩施克来说，设计是一种交流工具，它可以跨越界限来定位产品，从而在国际市场上独树一帜。佩施克设计的中心总是从彻底分析客户的整体特征以及定义基础产品参数来入手，惟有如此定义，方可使设计产品的内在功能关系转化为清晰的形式语言，进而突出客户公司文化的独特性。佩施克设计中心的客户中有很多国际化大公司如AKG、巴克斯特－吕穆诺、德卢西、埃格施通、培安、海拉、MAM和施奈德。

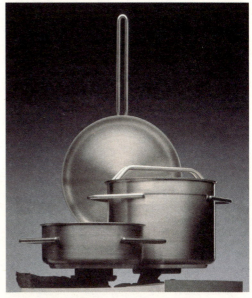

左图：救生背心"大海上的划艇"（Sea Kajak），马蒂亚斯·佩施克设计，培安公司产品，2004年；
右图：厨具系列"克洛马特创造"，佩施克＆斯科恩，克洛马特公司产品，1994年

太阳广场
(SunSquare)

1975年由诺贝特·考茨基·梅夏尼克股份有限公司创立。1995年开始，遮阳篷的专利研发；2002～2003年，生产和市场转向图伦，创建了太阳广场品牌。遮阳篷所有的金属杆件由太阳广场生产，其上的遮盖物则由扎特勒股份公司负责派送。现为家族产业。

格拉尔德·武尔茨，一个工程师、设计师和发明家，在1993年发明了第一个曲杆遮阳篷。1995年与考茨基·梅夏尼克合作，安装马达及测风仪进一步发展了该产品，并注册了专利。与此同时，世界上有16个国家的25家发行商采用了这项产品，每年太阳广场建起大约300个遮阳篷。这项专利确实是一次创新，在适应空间和气象环境的同时，其外观设计还很简洁美观，裁剪似的大面积阴影效果明显，尤其是在公共空间。太阳广场由此而创造的小生态环境，在满足人们遮光需求的同时还提供了一个完美的技术化的产品。

左、右图："太阳广场"遮阳篷，格拉尔德·武尔茨设计，太阳广场公司产品，始自1995年

KTM

1934年由汉斯·土伦肯珀尔兹创立于马梯格霍芬,起初是作为一家金属加工店。1937～1950年成为国家最大的汽车和摩托车修理车间。1953年,KTM(分别代表科隆瑞夫、土伦肯珀尔兹、马梯格霍芬)摩托车问世。1991年破产;1992年,KTM摩托赛车股份有限公司重新开始摩托车的生产。1994年,改制为股份合作公司;1995年起,在维也纳股票交易所上市。

"做好竞赛的准备"这句口号不仅是KTM生产和发展产品——公路摩托车、越野摩托车和小型机车——的指导方位,而且表达出公司的姿态。设计扮演着极其必要的角色:它必须清晰地传达出核心品牌的价值,"性能、冒险、纯粹和极限",而且可以将KTM的产品战略——包括从形式语言和技术层面到色彩规范与轮廓特征——转化为一种产品语言给予客户。从1991年和基斯卡设计中心合作以来,一直严格地执行这项策略,从而生产出高性能的摩托车,并成功地打入世界市场,其越野摩托车已经赢得了90多个世界锦标赛的冠军头衔。

左图:杜克620(Duke 620)摩托车,格拉尔德·基斯卡设计,KTM公司产品,1996年;
右图:超级杜克990(Super Duke 990)摩托车,格拉尔德·基斯卡设计,KTM公司产品,2005年

格奥尔格·巴尔德勒
(Georg Baldele)

1968年生于维拉赫，曾在克拉根福的职业技术学校学习机械工程学，于维也纳应用艺术大学学习工业设计，后在伦敦的皇家艺术学院进修产品设计。其代表作有：飞翔的蜡烛（1996年）、"晚上好"旋转灯具（1999年）、穴居人的灯光（1999年），与施华洛世奇合作的闪光盒子（2000年）。参展涉猎甚广。现居住和工作在伦敦。

格奥尔格·巴尔德勒设计的时尚系列产品的特色在于新材料的使用，但主要是所用材料的组合、循环再利用和手工雕刻。其设计具有迷人的感官舒适性，并通过他的装置作品十分简洁地表达出来。巴尔德勒的合作伙伴主要是灯具制造领域的公司，包括从英戈·毛雷尔到施华洛世奇再到哈比塔特。他们生产了"晚上好"灯具的限量版并以"圆锥形光"命名，由于采用了手工做法，以及为了让使用者实现最终的感官效果，巴尔德勒设计的每一件产品都有一些细微的差别。对于巴尔德勒来说，伦敦是一个理想的创作基地，因为在那里他可以有意地避开传统的等级分类，从而在艺廊和主要品牌之间形成自己的发展轨迹。

左图："晚上好"灯笼，格奥尔格·巴尔德勒设计，阿蒂菲齐尔公司产品，始自1999年；
右图：飞翔的蜡烛（Fly Condle Fly），格奥尔格·巴尔德勒及其团队设计的装置，英戈·毛雷尔公司产品，1996年

托马斯·哈森比希勒
(Thomas Hasenbichler)

1972年生于萨尔茨堡,毕业于维也纳应用艺术大学。参与的集体展览有比利时科特瑞克展览会和奥地利的"今日设计"巡回展。客户包括制造桌子和厨房用具的厂商 WMF。从 2001 年开始,独立执业并将焦点放在桌子文化、灯具和家具设计上。现居住和工作在维也纳。

托马斯·哈森比希勒的设计通常以一些我们习以为常的事物作为对象,并将这些事物的形式与功能处理得更好。无论是能使茶叶轻松泡开的花朵形茶叶过滤器,街面上普通燃气加热的,用于茶叶自然发酵的硅桶,还是轻松运输重物的智能手推车,灯具的快捷安装装置等设计,哈森比希勒都能创造出一些既简洁又使用方便的作品。这种方法也是与利用基本元素达到目标的意图相一致的。其设计作品并不能归为任何一种特殊的风格,而是更符合年轻一代的设计鉴赏力。

左图:茶叶花(Teaflower),托马斯·哈森比希勒设计,WMF 公司,2002 年;
右图:栓子与灯泡(plug&light),托马斯 哈森比希勒设计,1997 年

格哈德·霍伊弗莱尔
(Gerhard Heufler)

1944 年生于多恩比恩,毕业于格拉茨工业大学。多次获奖包括六个设计方面的奥地利国家级奖项,两个工业设计优秀奖(分别是金奖和银奖)。1975 年以后一直独立从事设计和一些指导工作。现居住和工作于格拉茨。

格哈德·霍伊弗莱尔的产品具有高技术性和注重功能性的特点。对于霍伊弗莱尔来说,设计意味着挑战,即在困难的技术条件下实现最理想的结果。随着赢得无数奖项,频繁地在竞赛中拔得头筹,他杰出的设计才华一次次被证实,例如与席贝尔电子合作的作品。在严格的技术条件下,霍伊弗莱尔成功地创造了一个具有发展空间的、美观适用的产品。他在格拉茨的应用科学大学开办了工业设计课程,并从 1995 年开始担任该课程的学科带头人。学科的重点是汽车传动系统的设计,其中几个毕业生已经取得了国际性的成功。

左图:水雷探测器,格哈德·霍伊弗莱尔设计,席贝尔电子产品,1997 年。
右图:堆肥搅拌器,格哈德·霍伊弗莱尔设计,康普特希公司产品,2005 年

赖因哈德·普兰克
(Reinhard Plank)

1970年生于意大利小城泰因,毕业于维也纳应用艺术大学。它的作品出现在米兰、巴黎、圣彼得堡、东京和维也纳的画廊和精品店里。现居住和工作在维也纳。

赖因哈德·普兰克的设计产品具有诗歌般的优美、精细,并且独具特色。他本人及其设计作品都旨在唤起人与人之间的交流。因为模仿自人体并且为了人的个体而设计,所以每一件作品都是独特的。举例而言,通过Classic帽子,普兰克创造了一个新样式的原型,在此基础上发展了各式各样的系列。普兰克渊博的原材料知识使得他能够游刃有余地运用它们。起初,他投身于无名的帽子跳蚤市场,把那些材料样式重新利用了近一千次,直到摸清了帽子所用各种材料的加工技能为止。普兰克的早期作品也主要集中在人的身体之上,例如利格恩,温和的非常规做法——褶皱或压痕,身体的记忆,表现出来的缺陷——作为微小的细节影响着设计,并且给产品增添了一种意想不到的强烈的人性特征。

左图:赖因哈德·普兰克设计的Classic帽子,2003年。
右图:卧榻,地面席子,赖因哈德·普兰克设计,1998年

EOOS

马丁·贝格曼，1963年生于利恩茨，分别在库赫尔的木工技术学校和维也纳应用艺术大学学习。

格诺特·博曼，1968年生于克里格拉赫，毕业于维也纳应用艺术大学学习。

哈拉尔德·格林德尔，1967年生于维也纳，在维也纳应用艺术大学学习期间与贝格曼和博曼同窗。

1995年，成立EOOS设计事务所。目前设计集中在：家具／产品、品牌专卖店／品牌区域和品牌研究。无数次个人及集体展览，赢得众多国际设计奖项。三人现居住和工作在维也纳。

EOOS是希腊神话中黎明女神四匹天马之一。借助这个神话的灵感，面对日益变化的环境，EOOS坚持旧有习俗和本能来进行产品设计。对于每一个设计方案，EOOS都会用"诗意的解析"来启动设计之门，并且达成共有的目标，明确的相关性议题。这种探索不但包含对当代层面的调查，还包括追溯远在客户公司历史之上的悠久根基，从而挖掘出那些在今天仍能稳定社会生活的习俗惯例。通过这种方式，EOOS重现了沙发作为一种促进交流的家具：时间的流逝使得沙发从传统的边角围坐发展到了个人独坐，而EOOS排除了单人独坐和可躺式沙发模式，用他们自己的方式定义了所谓的交流场所，构思了一种经典的边角围坐式沙发——"特盖德"（Together），当人们在外就餐时这种处于角落的沙发便构成了餐桌边的一部分交流空间。为了探索这种典型的内在形式语言的不同类型，EOOS建立了他们自己的研究实验室，用以收集和加工各种原型图像和理论文献，其研究领域来自市场学、设计学、社会学、经济学、哲学和建筑学——即使对这些学科的研究与他们接受的委托任务并不相干。根据这种方法设计后的结果就是得出了形式简洁的永恒性产品和一套空间概念，巧妙地强调了一个客户的品牌精髓，并有利于使用者对于产品的自我界定。所以，EOOS的大多数客户像阿玛尼、莫罗索、马蒂奥格瑞西、万德诺和卒托贝尔等大公司，具有它们独特的品牌意识并不是一种巧合。

上图:"特盖德"(Together)沙发,EOOS 设计,万德诺(Walter Knoll)公司产品,2004 年。
左下图:乔木家具(Sweetwood),EOOS 设计,蒙蒂纳公司产品,2002 年。
右下图:阿玛尼旗帜店(Armani flagship store),EOOS 设计,阿玛尼公司产品,1999 年

费舍尔
(Fischer)

1924年，由老约瑟夫·费舍尔在里德 Ried im Innkreis 创立的一家改装车间。1957年开始和外面的设计师合作，1973年开始生产越野滑雪板系列，1974年生产网球拍，1981年起费舍尔科技转化为其他产业部门。1990年，成立费舍尔高级合成构件协会。2001年，费舍尔合成科技下线。现为家族所有。

创造力和先锋精神激励着公司创始人老约瑟夫·费舍尔冒险开创他自己的事业。从制造木工棚开始，他设计了木质无篷手摇车和雪地爬犁，还包括滑雪橇。最终，费舍尔终于战胜所有的困难，实现了他要成为世界上最大的雪橇制造商的梦想。早在1938年，每年出口美国的雪橇就已达2000对。在第一代雪橇制造开发和创建的关键时候（1949年），小约瑟夫·费舍尔（1929年出生）进入家族企业，并给公司带来了创新和扩展战略。1957年，由设计师鲁道夫·费尔希设计的三角商标很快为全世界的滑雪者所熟知。费舍尔公司的产品在阿尔卑斯滑雪和其他北欧赛事中赢得了无数世界杯锦标赛和奥林匹克冠军，以及一系列国际网球巡回赛的优胜，这些都巩固了费舍尔公司从20世纪60年代以来的竞争力，并且激励公司不断的向前发展，在速降滑雪、跳台滑雪、越野滑雪、网球、北欧式行走等运动领域和一些配件领域都有所创新。这些明显的进步与公司的战略设计理念密不可分。公司外围的设计师如詹姆斯·斯科恩、福尔姆夸德拉特和基斯卡等人不断地参与公司的发展进程，将相关的流通产品的特色转化为具有强烈形式感的设计语言。

福尔姆夸德拉特设计的网球拍"GDS起飞"（GDS Take Off），费舍尔公司产品，1999年

胡斯尔
(Hussl)

作为木工店，1976年由鲁道夫·胡斯尔创立，1994年开始生产销售他们自己的实木家具品牌，保持与设计师和建筑师的合作，获奖众多，总部在特尔芬斯。

胡斯尔是一个由蒂罗尔人经营的小型公司，产品主要是实木桌椅。1994年，胡斯尔决定创造属于自己的家具品牌，填补公司只作为供应商这一角色。而且确实也生产出很多成功的产品，尤其是与雅格2（ARGE 2）公司合作的成果。胡斯尔的设计思路就是不懈地追求明快的外形流线：所有的家具构件都以精确为特征，无论是形式还是工艺，都平等地表达出传统价值概念和当下的生活习惯。这种设计方式的成功案例就是目前主要用于餐馆的椅子ST6，其简洁的外型可以使人立即联想到20世纪30年代蒂罗尔建筑师弗朗茨·鲍曼设计的奥地利咖啡屋中那些传统的椅子。

左、右图：椅子ST6，雅格2设计，胡斯尔公司产品，2000年

罗伯特·施塔德勒
(Robert Stadler)

1996年生于维也纳，先后毕业于米兰的欧洲设计学院（IED）和巴黎的法国国立高等工业设计学院（ENSCI）。参展广泛，包括里约热内卢的博物馆现代艺术展、巴黎的多米尼克·菲亚特画廊、项目室和巴黎的伊冯·朗贝尔画廊。作品出现于各个发布会，例如FNAC（卡蒂亚当代艺术基金会der Fondation Cartier pour l'art contemporain），以及乌德勒支中央博物馆。现居住和工作在巴黎和里约热内卢。

罗伯特·施塔德勒的设计范围并没有限制在一个固定领域中，他自由穿梭于工业设计、产品设计和艺术之间，主要的兴趣是尝试阐明从物体非实体化的设计手稿中所引发的多种不同的意义和解释。有时也涉及产品传统模式的简易转化，例如"开始/暂停"（Play/Pause），由此而创造出了不寻常的产品，人们几乎察觉不到其设计原型的出处。在与荷兰的Do Foundation公司合作中，明显毫无用处的旋转体Do Cut，却根据锯子如何定位而产生了非常多的功能。"Pools & Pouf！"是一个分解了的沙发，提供了挑战传统座席方式的可能性，只有镶嵌钻石的传统室内装饰才会让人想起这种座席方式最初的形式和功能。施塔德勒的片断组合有时也会将传统的比例和材料转化，使之成为新的艺术品。其他方面，尤其是和法国拉迪设计组合作的项目，仍然是传统的工业设计产品。

左图："Pools & Pouf！"沙发，罗伯特·施塔德勒设计，2004年在米兰的"消失点"（Vanishing Point）展览上，克劳斯·恩格尔霍恩实现了这个创意。
右图：变形体"Do Cut"，罗伯特·施塔德勒设计，Do Foundation公司产品，2000年

idukk

赖因哈德·基特勒,1958年生于许恩哈特,在林茨职业技术学校毕业后,又在林茨艺术大学学习,曾在多家公司担任设计师。

海因里希·库尔茨,1959年生于萨尔茨堡,毕业于林茨艺术大学。

1986年,两人成立idukk、工业设计联盟,多次获得国际奖项。现居住和工作在林茨和威尔黑林。

基特勒和库尔茨创立的工业设计联盟旨在通过设计给予产品一种特殊的品质,使它们的价值可以为世人所见。idukk团队专攻工用机械的设计,为了清晰地传达产品的独特品质,如它的精确性、人体工程性、稳定可靠性和空间功效性(即通过设计将产品转化成一种三维空间语言),团队一直以发散性思维来思考设计理念和科技手段。idukk为诺伊松公司研发的迷你型挖土机,荣获多个奖项,其最迷人处就在于它的小型化,这一特点扩展了其适用范围,既能在空旷的地面上作业,又可在建筑物的内部工作。

左图:迷你型挖土机(Karnpaktbagger),idukk设计,诺伊松公司产品,2001年。
右图:移动对讲机(Walky Talky),idukk设计,恩波利亚公司产品,2004年

斯基达塔
(Skidata)

1977年成立于萨尔茨堡附近的格勒迪格。1983年设计滑雪比赛入场套票,为彼此相连的滑雪区提供了一个很好的解决方案,并因此获得国际性的成功。1987年随着斯沃琪(Swatch)附件的开发,引入了Keywatch。1988年业务扩大到停车场的管理。1990年设计出世界上第一张停车系统信用卡。1995年扩大与斯沃琪的合作。1997年进入体育场和舞台的票务市场。从2001年至今为瑞士的库德尔斯基集团所有。

一个非常聪明的想法便奠定了斯基达塔创立的基石,即通过一套专业体系——两个拍立得职员在1977年的发明——将载有照片和签名的通行证取代了传统的滑雪入场券。良好的开端,使得公司在引入无接触通行方面继续扮演一个主要角色。今天,斯基达塔已经在人和车辆的限行,特大事件的通行和票务系统方面取得了国际领先地位。芯片卡(世界著名的门锁卡),斯沃琪通路型和GORETEX' [s-key] 手套能让使用者轻松方便地通过终端入口。目前,超过4000个斯基达塔系统成功地运用于世界上30多个国家。发展规模的不断国际化使得430名员工中几乎一半的人参与了科技扩展和产品创新的研发集团。受到市场多样化的激励,斯基达塔的产品也融入整个设计环境中并变得简单易用,同时,在这个领域,他还是第一个主动与工业设计师寻求合作的公司,例如与格拉尔德·基斯卡和海因里希·克鲁格的合作。无数的国内外设计奖项证明了斯基达塔设计产品的品质。

AS×70 i compact,海因里希·克鲁格设计,斯基达塔公司产品,2001年

迪特马尔·瓦伦丁尼奇
(Dietmar Valentinitsch)

1945年生于格拉茨,毕业于维也纳应用艺术学院,1970～1974年任达赫施坦公司的设计师和艺术总监。1974～1982年作为I. D. Pool公司的合作人。1982年成立瓦伦丁尼奇设计中心。在国内外从事演讲和教学活动,获奖无数。现居住和工作在维也纳。

迪特马尔·瓦伦丁尼奇和他的团队把自己定义为产品外形设计的供应者,其设计基础建立在科技性、功能性、人体工程性,以及相当重要的美学性考量之上。瓦伦丁尼奇的设计中心在准工程化领域有着独到的专业技能,当前的经济的发展趋势进一步促进了这方面需求的增长。在这个领域中,最根本的就是精确的产品解决方案,廉价的实现方式,而且还要满足有关生态性、模数标准性、空间的功效性以及使用耐久性等合理要求。瓦伦丁尼奇设计中心的成功更深层的决定性因素就是在产品的视觉特征上和谐地融入了客户的企业特色和市场策略。瓦伦丁尼奇设计中心的客户主要来自工业设计商品化的大公司,例如ASA 液压系统、巴顿菲尔德、庞巴迪、贝沃特(BWT)集团、奥地利OMV油气集团、温特斯泰格和维特曼自动机械系统。瓦伦丁尼奇为庞巴迪公司设计的一系列路面电车,应用于德国、瑞典、西班牙、波兰、土耳其,当然也包括奥地利。

格拉茨城市铁路列车,瓦伦丁尼奇设计中心设计,庞巴迪公司产品,2001年

弗罗纽斯
(Fronius)

作为电气制造车间，1945年由京特和弗里德尔·弗罗纽斯在佩滕巴赫成立，同年开始开发和制造电池充电器。从1957年开始焊接系统的研发生产。1995年主要集中在太阳能电子器件的研发。弗罗纽斯在奥地利、捷克和乌克兰实现了大部分研发的产品。公司的直销分部在全世界陆续建立。现为京特和弗里德尔·弗罗纽斯基金会所有。

为了巩固一个始终如一的总体外观，作为科技领先的公司，弗罗纽斯从1995年开始依靠设计来传达这种形象。设备的模数化标准组件可以迅速满足消费者所需的产品，弗罗纽斯拿出其营业额的10%用于此类研发，成绩斐然。例如第一个带有电子晶体管动力源的拱形焊接系统——TransArc 500（1981年），完全数码化的焊接系统（1997年），连接式输电网反用转流器弗罗纽斯IG，家庭用电流影像系统（2001年），充电器小型插头ACCTIVA easy（2001年），最初的工业级激光混合焊接系统，每分钟焊接速度可达9米（2001年）。从1995年以来，弗罗纽斯一直与克里斯蒂安·芬茨尔合作设计。

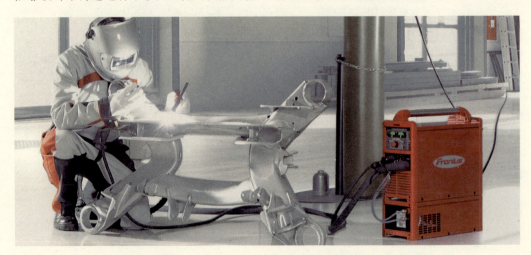

克里斯蒂安·芬茨尔设计的WIG 焊接系统——魔幻波（MagicWave），弗罗纽斯国际公司产品，2002年

马丁诺·甘佩尔
(Martino Gamper)

1971年生于意大利的梅拉诺,先后在维也纳美术学院、维也纳应用艺术大学、伦敦皇家艺术学院学习。他广泛参展,作品在伦敦的V & A、伦敦设计博物馆、伦敦索斯比拍卖行、斯德哥尔摩文化宫、柏林设计节(Design Mai)得到展览。客户包括阿拉姆设计中心、英国参议会、纽约国际债券信息公司和罗森塔尔公司。现居住和工作在伦敦。

马丁诺·甘佩尔的设计作品回避客观的、明确的描述。完成的作品注定要衰落,然后仍然身披过去熟悉的符号回归到生活中来。消极性场所是他工作的一个焦点,特别是角落,那里能给他带来隐秘的场所感并适于空间设计。然而相对于设计成品本身,甘佩尔的兴趣更多是在成品背后的故事上,在于构成产品的材料挖掘和再度诠释上,在于人们的满意度和产品加工使用过程中的快乐上。这也导致了与众不同的、缺乏明显美感和实用前景的产品:对于甘佩尔来说,最初具备使用性的作品就是那种个性化和带有强烈感情色彩的设计。

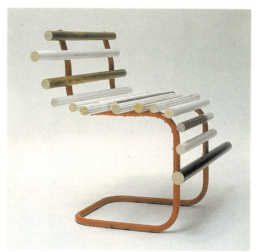

左图:马丁诺·甘佩尔和雷纳·施佩赫尔设计的椅子"大提琴02",V & A公司产品,2002年;
右图:马丁诺·甘佩尔和雷纳·施佩赫尔设计的椅子"达格玛"(Dagmar),2002年

移动的椅子
(Walking Chair)

卡尔·埃米莉奥·皮克，1963年生于意大利的博尔扎诺，毕业于在维也纳应用艺术大学。

菲德尔·标致，1969年生于瑞士的巴塞尔，毕业于在巴塞尔设计学校。

2002年两人成立"移动的椅子"。代表作：会走的椅子，瓶子男孩（衣服钩），当乒遇到乓（会议桌）。广泛参展。现居住和工作在维也纳。

2002年，两名设计师，一个来自奥地利南部的蒂罗尔，一个来自瑞士，在维也纳相遇并成立了"移动的椅子"—— 一个非常独特的工作平台，有着诙谐、流畅的设计语言，同时有着非常值得信赖的产品质量——每一个细节都经过认真设计。无论是会走的椅子、循环的塑料瓶，还是圆形乒乓会议桌、lomo照相机，或是令人惊讶的展览设计，都保持着一贯诙谐幽默的设计风格。两个人分工明确，卡尔·埃米莉奥·皮克负责精细产品的设计，菲德尔·标致则负责作品的形式感，并且还是Line and Spruce 杂志，the Lomographic society, 维也纳的athe Albertina, 以及其他杂志的出版商和字体设计师。对于两个人来说，维也纳是一个理想的设计中心。

左图：会议桌"当乒遇到乓"，"移动的椅子"设计，2002年。
右图：蒙迪贝洛——维也纳建筑学中心A–展览所用的沙发，"移动的椅子"设计，卡尔梅尔家具公司产品，2005年

a—u—s   205

乌尔苏拉·艾希瓦尔德，1959年生于克拉福根，毕业于维也纳应用艺术学院，现居住和工作在维也纳。

赫尔曼·施特罗布尔，1953年生于维也纳，2004年去世。自学成才。1986年开始与艺术家和设计师合作。1989年，首次作品展览；1993年，在维特根斯坦住宅展出；2003年，维也纳MAK博物馆的作品展；2005年，MAK NITE Dostoevskij in Focus。

以a—u—s为商标，乌尔苏拉·艾希瓦尔德和赫尔曼·施特罗布尔进行了家具、灯具和一些空间概念的设计，这种空间概念体现在维也纳MAK应用与当代艺术博物馆的阅览室设计中，他们热衷于运用精细的技术创造简约的形式语言。a—u—s的设计空间，可以细化到最细，他们的家具和产品外观最初看来平常且不引人注意，但在进一步的仔细观察下可以发现一个充满创作张力的领域。这种张力塑造了基础的生活区域，并且明显地表露着他们的价值判断。自从赫尔曼·施特罗布尔去世后，乌尔苏拉·艾希瓦尔德依然坚持在他们共同的道路上继续前行着，并以自身的思考和创造方式坚定地承诺着。

树枝形的装饰灯，a—u—s设计产品，2003年

2003年成立，作为departure——经济、艺术和文化有限责任公司，是由维也纳商业代理处完全所有的一个辅助机构。2004年的8月，首次公布拨款项目，针对创造性的产业部门中公司总部位于维也纳的企业。

毫无疑问，维也纳是一个文化之都。为了将新的文化生命注入到目前这种有利形式中，并有效地利用新生命的创造潜力，维也纳市决定实行一个商业促进计划，如脉冲发生器一般去刺激时尚、音乐、新型媒体和设计的发展。正如我们所知，一个繁荣的文化生活与经济的兴盛有着直接关系，反之亦然。因此，在艺术上的直接投资并不是浪费金钱，而是创造了额外的经济价值。这种理念不适用于追求短期利润最大化的人，而是针对于够资格的候选人，他们有热情且执着，他们的产品效益会带来今后额外的经济腾飞。作为在奥地利众多促进项目中第一个奖励计划，departure一直努力扮演文化与商业之间的疏通剂这一角色，而并非有意将正统文化取而代之，就像为支持批判艺术和实验艺术所做的那样。与此同时，departure将重点放在了创造性产业专业化这一主题上，例如设计的专业化，这方面的典范是英国和北欧国家，那里的设计工作长期以来不仅仅被看作是纯粹的装饰工作，更多是作为一种实验性设计，例如格奥尔格·巴尔德勒或马丁诺·甘佩尔的出口产品，像罗·阿拉德或洛斯·拉古路夫的产品一样成功。依靠积极主动的媒体宣传、开放的企业精神和一个进取的市场战略，英国和北欧这些国家在创造性产业市场继续保持着领先地位。奥地利的方针决策部门开始认可其中一些方面，并在政策上进行贯彻。今天，departure的奖励计划具有鼓舞人心的力量，并且充当着一个楷模，其影响已经不仅仅限于维也纳和奥地利。这种对于成功设计的渴望很大程度上取决于开明且对这项计划有兴趣的企业家们。目前最重要的事情就是要创造一种有意识的，受关注和尊重的文化。作为一种经济因素，设计是众所周知的时髦用语，同时，设计也是一种文化因素，对于这一流行用词而言这是一个重要的补充。勒内·夏梵纳和bkm是两个很好的成功范例，清晰地阐明了departure赞助的范围。就像支持年轻企业专业化转变一样，为一个成功的系列产品设计原型同样也能欣然地接受这种帮助。

For Use

斯文·容克，1973年生于不来梅（德国）。克里斯托夫·卡茨勒，1968年生于维也纳。尼古拉·拉德尔贾科维奇，1971年生于萨拉热窝（波黑）。均毕业于维也纳应用艺术大学和萨格勒布设计部门工业设计专业。与朱利奥·卡佩利尼（1998年）的首次合作推动了设计标签的出现。现居住和工作在萨格勒布和维也纳。

设计标签"For Use"象征着一种平静沉稳的风格，其设计产品经常表现为简洁的几何形体量，并且用最简单的方式毋庸置疑地将形式和功能糅和在一起。"For Use"这个名字还表明，在高质量产品的开发过程中设计师具有如人们所期望的责任感。本部在维也纳和萨格勒布的"For Use"，其设计手法适应欧洲的现代设计理念，他们的客户大部来自意大利著名的制造商，例如卡佩里尼，意大利MDF，马吉斯和莫罗索。"For Use"的三位设计师同时还从事室内设计、展厅设计，以及"纽曼"（Numen）品牌的舞台设计。

左图：For Use设计的椅子"FU-09"，意大利MDF公司产品，2003年。
右图：For Use设计的沙发"变形"（Transform），莫罗索公司产品，2005年

勒内·夏梵纳
(René Chavanne)

1966年生于维也纳，在默德灵职业技术学校完成学业后，又在维也纳应用技术大学继续深造。从1999年开始，作为设计师独立执业。客户包括维也纳的大网咖啡馆，巴拉哈办公家具，Scanco Medical 股份公司（与弗洛里安·霍尔策合作）。获得奥地利国家设计奖和2005年的阿道夫·路斯设计奖。现在维也纳居住和工作。

勒内·夏梵纳是一个小提琴家、技师、完美主义者和工业设计师。他的作品承载了他最初学习机械工程学的心得，展示了专注于技术细部的热情和灵活的处理手法。他的所有作品都与现代化工业科技同步，而且有着系统化的定位，即使是很小产量的系列产品都能得到工艺保证。勒内·夏梵纳的设计手法始终是产业领域高科技处理方法的典范，其设计语言的现代性、未来派风格的具体化都验证了这一点。关于这方面最成功的几个案例有：维也纳的"大网"咖啡连锁店、伦敦的锡罐吧 CAN（后关闭），以及在2005年获得奥地利国家设计奖的可移动吧台"尽在箱内"（JUSTINCASE）。

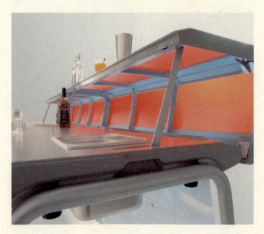 

左图：可移动吧台"尽在箱内"的细部，勒内·夏梵纳设计，2004年；
右图：可移动吧台"尽在箱内"合上后方便运输，勒内·夏梵纳设计，2004年

bkm

卡塔琳娜·布鲁克纳,1977年生于利恩茨。赫伯特·克拉姆明格,1973年生于魏茨。斯特凡·莫伊奇,1970年生于维也纳。三人均毕业于维也纳应用美术大学。获奖无数,包括2001年的阿道夫·路斯实验设计国家奖。2004年意大利乌迪内市的凯阿察(Caiazza)纪念馆设计比赛第一名。2005年日本IFDA银叶奖。2004年成立bkm。现居住和工作在维也纳。

bkm是由三个个性完全不同的人组成的团队,性格的差异使得他们的设计过程中常常伴有争论,但这种争论的基调是和谐的,并且由此诞生出更完美的杰作。三位设计师擅于从文化历史研究和社会发展中汲取灵感,他们基于中欧、奥地利和维也纳文化传统的设计定位使得其作品不同凡响。法尔布原本是咖啡屋里的椅子,设计师通过巧妙的旋转和弯曲处理,延展其功能直至一个简易的厨房用椅。bkm的产品采用明显的标志以方便使用者识别,这些设计看似熟悉,但同时却有着新颖而又独特的功能。

左图:簿计员3,bkm 设计,2004年。
右图:法尔布椅子,bkm 设计,2004年

塞巴斯蒂安·门施霍恩
(Sebastian Menschhorn)

1971年生于维也纳,先后毕业于维也纳职业技术学校和维也纳应用艺术大学。参与多个展览设计如维也纳桌文化展(奥加滕和洛布迈尔)以及2005年日本爱知世博会等。现在维也纳居住和工作。

虽然"装饰"这个词在上个世纪经过怀疑主义的讨论成为了贬义词,但是塞巴斯蒂安·门施霍恩的设计却证明装饰性物品在很大程度上意味着品质。基于这种装饰理念,他不断推出典型奥地利式的、高品质优雅的手工艺奢侈品。因此,他的合作者主要是一些传统的维也纳公司如洛布迈尔和巴克豪森。门施霍恩成功地开发了一种优雅现代、使用舒适但却永不过时的桌子文化,他对于玻璃这种设计材料的深入理解促成了这些杰出产品的问世。门施霍恩的创作大多是与洛布迈尔合作完成,同时他的产品也有助于强调公司的主题性和开放性。

左图:冰川的多种系列,塞巴斯蒂安·门施霍恩设计,洛布迈尔公司产品,2005年;
右图:冰川-大花瓶,塞巴斯蒂安·门施霍恩设计,洛布迈尔公司产品,2004年

戈特弗里德·帕拉廷
(Gottfried Palatin)

1959年生于斯坦伯格，雕塑设计技术学校毕业后，开始了以亚洲为主的海外旅行学习，从1984年起在贡丁·迪茨事务所工作，同时也开始了自己的产品设计，其作品的艺术性强，多次参与集体展览并获得国际奖项。在维也纳居住和工作。

对于戈特弗里德·帕拉廷来说，设计意味着精神的投入，意味着开放的空间，能让他去认清事物的核心和本质。他游学所得到的结论"所有与全无"是一个新的理念，在面对手工艺品和那些几乎全靠触觉体验的产品时，他的这一观点表现得十分突出。这也可能是基于这样一种事实，即帕拉廷坚决抵制依靠计算机进行设计，他认为只有在徒手设计的沉思过程中，才能探索出通往新形式的途径。他采用雪花石膏块，不断地进行切割、打磨、抛光，直至他依据双手触觉决定理想成品所必需的雏形。帕拉廷的作品设计主要针对一些桌子文化和室内设计领域的公司，如奥加滕、洛布迈尔、WMF、奥特恩蒂克斯和格伦德曼·贝施莱格等公司。他的设计材料首选玻璃和瓷，瓦里奥花瓶就代表了他对这两种材料运用的真实掌握情况：由瓷器制造商奥加滕和洛布迈尔生产，其迷人之处在于感官上的清澈透明、球根状瓶底元素和自由瓶颈的精准和谐，就产品的工艺而言，只有对材料有着极强的认知才能使这一杰作成为可能。

瓦里奥（Vario）花瓶，戈特弗里德·帕拉廷设计，奥加滕和洛布迈尔公司产品，2004年

波尔卡
(POLKA)

玛丽·拉姆（1975年生于德国的慕尼黑）和莫妮卡·辛格（1975年生于萨尔茨堡）均毕业于维也纳应用艺术大学，2004年两人创立了波尔卡，参与的集体展览包括"米兰明日之星沙龙展"；"银河系对抗"，Designblok，布拉格；Talents Ambiente，法兰克福；Blickfang，维也纳。现在维也纳居住和工作。

波尔卡设计商标的名字后面还有第二部分内容：愉悦性产品设计，这也表达了玛丽·拉姆和莫妮卡·辛格两个人设计哲学的核心思想。她们设计产品的动机就是通过改造那些日常生活中每天都在使用着的普通事物，使人们的生活更加丰富，充满着轻灵、舒适、优雅和诙谐。她们那与众不同的、甚至是不可思议的组合扩展了我们对于装饰和功用的传统理解，家具上的绣花使个性化产品变为可能，灵活的家具支架将可移动的概念带入了教条的设计体系。她们与艾布尔国际、赫伦瓷器制造、奥地利迷你／宝马和Innermost UK等公司的合作证明了波尔卡产品良好的销售记录。

左图：肖特套具（Short Set），佩蒂特·维多利亚图案，波尔卡愉悦性产品设计，赫伦瓷器制造公司产品，2005年。
右图：波尔卡椅子，波尔卡愉悦性产品设计，意大利Dusguincio公司产品，2005年

主题示意图

214

						1900				1910				1920
	82		84		86		88		90		92		94		96
97	98		100		102		104	105	106		108		110		112
1930 113	114		116		118		1940 120		122	1950 123	124		126		128
129	130		132	133	134		136	137	138	139	140	1960 141	142		144
145	146	147	148	149	150	151	152		154	155	156		158	159	160
	162	1970 164	165	166		168		170	171	172	173	1980 174		176
177	178		180	181	1990 182	183	184	185	186	187	188	189	190	191	192
193	194		196	2000 197	198	199	200	201	202	203	204	205	206	207	208
209	210	211	212												

主题示意图的结构和功能 215

  本书的主题示意图表反映了页码的连续性,并编辑形成一个"导引图"。"编年词典"简介部分的条目因此可以根据主题内容被读者方便地找到。

  所有关于一个特定主题下分类出的个体设计师和公司的词汇入构项,都会被列入图块,并且得以表现。单体图块的颜色代码——两页条目,经常是率先出现在左侧——确保具体主题的对照。灰色区域是与相关主题无关的页码。编年顺序的排列是根据"编年词典"里对设计师或公司的历史时间早晚所做结论而制定的,主题示意图上的日期每十年作一次划分。

  主题中的移民和职业化两项完全针对个体,性别一项则包含小团体,同时,地点和中心两项会考虑到设计师以及产品定向的公司。

  这个主题示意图有两个功能:其一是作为一种表现方式,可以得到奥地利20世纪设计进程中特殊现象和发展状况的直观印象;另一个是作为一种记录功能,使"编年词典"中的主题性得以确立。

性別

女性｜男性｜女性+男性

216

	82		84		86	1900 88		90	1910 92		1920
			100		102		106		110	112
1930	114		116			1940 120		122	1950 123	124		126	128
		130							139	140	1960		
	145	146	147	148	149	150	151	152		154	155			159	160
		162		1970		165	166			170	171	172	173	1980		176
	177			180		1990 182			186	187			190	191	192
	193	194			2000	198	199		201		203	204	205		207	208
	209	210	211	212							

移居

移入 | 后又离开 | 迁出 | 返回

职业

设计师 | 建筑师 | 交叉领域

218

					1900			1910		1920
		84		86			90		92	
			100		102			106		110	112
1930		114		116		1940 120		1950 123	124		128
		130						139	140	1960	
		146	147	148	149	150	151	152		154	155		159	160
		162		1970 165	166			170	171	172	173	1980		176
177			180		1990 182		185	186	187			190	191	192
	193	194		2000		198	199		201		203	204	205		207	208
	209	210	211	212						

场所

联邦首都维也纳 | 奥地利其余地区

219

	82	84	86	1900 88	90	1910 92	94	1920 96	
97	98	100	102	104	105	106	108	110	112
1930 113	114		118	1940		122	1950 123	124	126	128
129	130	132	133	134	136	137	138	139	140	1960 141	142	144
145	146	147	148		150	151	152		154	155	156		158	159	160
	162	1970 164		166		168		170	171	172	173	1980 174		176
177	178	180	181	1990 182	183	184	185	186	187	188	189		191	192
193	194		196	2000 197		199	200	201	202		204	205	206	207	208
209	210	211	212						

焦点

设计 | 制版 | 设计 + 制版

参考文献

Akademie der Bildenden Künste (ed.): Roland Rainer. Vienna 1990.

Amt der Niederösterreichischen Landesregierung, Abt. III/2 Kulturabteilung (ed.): der kunst konvert des konvex zum konkav. Vienna 1990.

Asenbaum, Paul: *Otto Wagner – Möbel und Innenräume*. Salzburg, Vienna 1984.

Bocco Guarneri, Andrea (ed.): *Bernard Rudofsky – A Humane Designer*. Vienna, New York 2003.

Aufmuth, Ulrich: "Risikosport und Identitätsbegehren – Überlegungen am Beispiel des Extrem-Alpinismus," in: Hortleder, Gerd / Gebauer, Gunther (ed.): *Sport – Eros – Tod*. Frankfurt/Main 1986.

Bätzing, Werner: "Mythos Alpen," in: *Kleines Alpen-Lexikon, Umwelt – Wirtschaft – Kultur*. Munich 1997.

Bönsch, Annemarie: *Wiener Couture – Gertrud Höchsmann 1902–1990*, (ed. by Historischen Museum der Stadt Wien and Univ. f. angewandte Kunst Wien). Vienna 2002.

Bogner, Dieter (ed.): *Haus-Rucker-Co Denkräume – Stadträume*. Klagenfurt 1992.

Bogner, Dieter (ed.): *Friedrich Kiesler Architekt, Maler, Bildhauer 1890–1965*. Vienna 1988.

Brauns, Patrick: *Die Berge rufen, Alpen – Sprachen – Mythen*. Vienna 2002.

Breitwieser, Sabine (ed.): *Pichler, Prototypen 1966–69*, exhib. cat. Generali Foundation Wien. Salzburg, Vienna 1998.

Breuss, Susanne / Wien Museum (ed.): *Die Sinalco Epoche – Essen, Trinken, Konsumieren nach 1945*. Vienna 2005.

Buxbaum, Gerda: *Mode aus Wien – 1815–1938*. Salzburg 1986.

Coop Himmelb(l)au: *Architektur ist jetzt*. Stuttgart 1983.

Coop Himmelb(l)au: *Die Faszination der Stadt*. Darmstadt 1988.

Czech, Hermann / Mistelbauer, Wolfgang: *Das Looshaus*. Vienna 1976.

Czech, Hermann: "Die Sprache der Verführung," in: *SvM, Die Festschrift für Stanislaus von Moos*. Zurich 2005.

Czech, Hermann: *Zur Abwechslung – Ausgewählte Schriften zur Architektur*. Vienna 1996.

"Die gelbe Keilhose. Tourismuswerbung in Tirol 1945–1964." exhibition, Tiroler Landesmuseums Ferdinandeum, Museum im Zeughaus, Innsbruck 2003.

Düriegl, Günter / Frodl, Gerbert (ed.): *Das neue Österreich*, exhib. cat. Österreichische Galerie Belvedere. Vienna 2005.

Edenhofer, René: *Lilienporzellan – Von der Keramik AG zur ÖSPAG*, Vienna 2005.

Ehn, Friedrich F.: *Das grosse Puch Buch – Die Zweiräder von 1890–1987*. Graz 1993.

Ehn, Friedrich F.: *Puch-Automobile*. Graz 1991.

Eichinger oder Knechtl: *Design now Austria*. Vienna 2005.

Erben, Tino: *sooderauchanders – Tino Erben Grafik-Design 2000–1960; his students' master's theses 2000–1990*, with a text by Christian Reder. Vienna 2001.

Felderer, Brigitte (ed.) / Gernreich, Rudi: *Rudi Gernreich – Fashion will go out of fashion*. Cologne 2000.

Fenzl, Kristian (ed.): *Design als funktionelle Skulptur*. Vienna 1987.

Fenzl, Kristian: *Design*. Linz 1999.

Feuerstein, Günther: *Visionäre Architektur Wien 1958–1988*. Vienna 1988.

Fischer, Lisa / Eiblmayr, Judith (ed.): *Anna-Lülja Praun – Möbel in Balance*. Salzburg 2001.

Frank, Heinz (Ill.) / Noever, Peter (ed.): *Illustrationen*, exhib. cat. MAK – Österreichisches Museum für Angewandte Kunst. Vienna 1992.

Freund, Michael / Angerer, Bernd: *Class A, Austrian product culture today*. Vienna 1998.

Garstenauer, Gerhard: *Interventionen*. Vienna, Salzburg 2002.

Gebauer, Gunther / Hortleder, Gerd: "Die künstlichen Paradiese des Sports," in: Hortleder, Gerd / Gebauer, Gunther (ed.): *Sport – Eros – Tod*. Frankfurt/Main 1986.

Gmeiner, Astrid / Pirhofer, Gottfried: *Der Österreichische Werkbund, Alternative zur klassischen Moderne in Architektur, Raum- und Produktgestaltung*, (ed.: Hochschule für angewandte Kunst in Wien). Salzburg, Vienna 1985.

Goffitzer, Friedrich (ed.): *Goffitzer Design*. Linz 1987.

Gollner, Irmgard: *Gmundner Keramik, Kunst aus Ton, Feuer, Farbe*. Gmunden 2003.

Gsöllpointner, Helmuth (ed.): *Design ist unsichtbar*. Vienna 1981.

Günther, Dagmar: *Alpine Quergänge, Kulturgeschichte des bürgerlichen Alpinismus*. Frankfurt/Main 1998.

Hartmann, Frank / Bauer, Erwin K.: *Bildersprache – Otto Neurath Visualisierungen*. Vienna 2002.

参考文献

Hochschule für angewandte Kunst (ed.): *Oswald Haerdtl 1899–1959*. Vienna 1978.
Hochschule für angewandte Kunst (ed.): *Franz Schuster 1892–1972*. Vienna 1976.
Hochschule für angewandte Kunst (ed.): *Berzeviczy-Pallavicini, Poesie der Inszenierung*. Vienna 1988.
Hollein, Hans / Pichler, Walter: *Architektur – Work in Progress*, exhib. cat. Galerie nächst St. Stephan. Vienna 1963.
Johannes Jetschgo / Ferdinand Lacina / Michael Pammer / Roman Sandgruber: *Österreichische Industriegeschichte, die verpasste Chance*. Vienna 2004.
Juland Barcelona (ed.): *Pure Austrian Design*. Barcelona 2005.
Kieselbach, Ralf J. F.: *Stromlinienautos in Europa und USA, Aerodynamik im PKW-Bau 1900 bis 1945*. Stuttgart, Berlin, Cologne, Mainz 1982.
Koller, Gabriele: *Die Radikalisierung der Phantasie – Design aus Österreich*. Salzburg, Vienna 1987.
Kos, Wolfgang: "Weisse Sterne und Turbostreifen – Die Modewellen des österreichischen Skidesigns," in: Skocek, Johann / Weisgram, Wolfgang (ed.): *Wunderteam Österreich*. Vienna 1996.
Kramer, Dieter: "Unerreichbare Berge der Sehnsucht – Neue weisse Flecken auf den Landkarten," in: *Berg-Bilder, Gebirge in Symbolen, Perspektiven, Projektionen*. Hessische Blätter für Volks- und Kulturforschung, Neue Folge, vol. 35, 1999.
Krichbaum, Jörg (ed.): *Austrian Standards, Produkte und Objekte, die man kennt und kennen muss*. Vienna 1990.
Kurrent, Friedrich: *Einige Häuser, Kirchen und Dergleichen*, (ed. by von der Österreichischen Gesellschaft für Architektur, comp. by Scarlet Munding). Salzburg 2001.
Luger, Kurt / Rest, Franz (ed.): *Der Alpentourismus, Entwicklungspotenziale im Spannungsfeld Kultur, Ökonomie und Ökologie*. Innsbruck 2002.
Maryska, Christian: *Kunst der Reklame, Verbund österreichischer Gebrauchsgraphiker. Von den Anfängen bis zur Wiedergründung 1926–1946*. (Ed. by Design Austria). Salzburg 2005.
Mrazek, Wilhelm (ed.): *Werkstätten Hagenauer*. Vienna 1971.
Neuwirth, Waltraud / Kölbel, Alfred / Auböck, Maria: *Die Wiener Porzellan Manufaktur Augarten*. Vienna 1992.
Niederösterreich-Gesellschaft für Kunst und Kultur (ed.): *Unvollkommen Möbelhaftes*. Vienna 1979.

Noever, Peter (ed.) / Mattl, Siegfried: *Der Preis der Schönheit – 100 Jahre Wiener Werkstätte*. Ostfilder-Ruit 2003.
Obermaier, Walter (ed.): *Plakate aus Wien*, (Wiener Stadt- und Landesbibliothek publication). Vienna 2003.
Oppenheim, Roy: *Die Entdeckung der Alpen*. Vienna 1977.
Österreichisches Gesellschafts- und Wirtschaftsmuseum (ed.): *Achtung: Polstermöbel!*. Vienna 1978.
Ottilinger, Eva B. (ed.): *Gebrüder Thonet, Möbel aus gebogenem Holz*. Vienna, Cologne, Weimar 2003.
Ottilinger, Eva B.: *Möbeldesign der 50er Jahre, Wien im internationalen Kontext*. Cologne, Weimar, 2005.
Ottilinger, Eva B. / Sarnitz, August: *Ernst Plischke – Das neue Bauen und die neue Welt. Das Gesamtwerk*. Munich, Berlin, London, New York 2003.
Papanek, Victor (ed.): *Das Papanek Konzept*. Munich 1970.
Peche, Dagobert (Ill.) / Noever, Peter (ed.) / Egger, Hanna: *Die Überwindung der Utilität – Dagobert Peche und die Wiener Werkstätte*, (exhib. cat. MAK, Vienna). Ostfildern-Ruit 1998.
Pessler, Monika / Krejci, Harald (ed.): *Friedrich Kiesler, Designer. Sitzmöbel der 30er und 40er Jahre*. Ostfildern 2005.
Rauscher, Karl-Heinz: *LKW aus Steyr*. Gnas 2000.
Redl, Thomas / Thaler, Andreas: *Beispiele Österreichischen Designs*, exhib. cat. Design Center Linz. Vienna 2001.
Rukschcio, Burkhard / Schachel, Roland: *Adolf Loos. Leben und Werk*. Salzburg 1982.
Sarnitz, August: *Otto Wagner 1841–1918, Wegbereiter der modernen Architektur*. Cologne, London, Los Angeles, Paris, Tokio 2005.
Schmidt, Helmut (ed.): *Seidl Alfred*. Vienna 1983.
Schuster, Franz: *Ein Möbelbuch*. Stuttgart 1929.
Schuster, Franz: *Eine eingerichtete Kleinstwohnung*. Stuttgart 1928.
Schütte-Lihotzky, Margarete (Ill.) / Noever Peter (ed.): *Die Frankfurter Küche von Margarete Schütte-Lihotzky*. Berlin 1992.
Schwanzer, Karl (Ill.) / Fleischer, Karl (ed.): *Karl Schwanzer*, exhib. cat. Museum des 20. Jahrhunderts Wien. Vienna 1978.
Scope, Alma: *Das „Henndorfer Dirndl" – eine Schöpfung Carl Mayrs? Trachtenbekleidung zwischen Folklorismus und Heimatschutz im frühen 20. Jahrhundert in Salzburg*, masters thesis. Vienna 2004.

Sekler, Eduard F.: *Josef Hoffmann – Das architektonische Werk.* Salzburg, Vienna 1982.
Singer, Franz (Ill.) / Schrom, Georg (Red.): *Franz Singer, Friedl Dicker 2× Bauhaus in Wien.* exhib. cat. Hochschule für Angewandte Kunst. Vienna 1989.
Spalt, Johannes / Czech, Hermann: *Josef Frank 1885–1967,* exhib. cat. Hochschule für angewandte Kunst. Vienna 1981.
Spalt, Johannes: *Johannes Spalt.* Vienna, Cologne, Weimar 1993.
Steele, Valerie (ed.): *Encyclopedia of Clothing and Fashion.* New York 2005.
Steiner, Gertraud: *Gehlüste, Alpenreisen und Wanderkultur.* Salzburg 1995.
Steyr-Daimler-Puch Fahrzeugtechnik Ag&Co. KG (ed.): *100 Years of Steyr-Daimler-Puch Graz 1899–1999.* Graz 1999.
Stiller, Adolph (ed.): *Oswald Haerdtl, Architekt und Designer.* Salzburg 2000.
Storch, Ursula (ed.): *KRAFTflächen – Wiener Plakatkunst um 1900,* exhib. cat. Museen der Stadt Wien. Vienna 2003.
Wiener Stadt- und Landesbibliothek (ed.): *Tagebuch der Strasse – Geschichte in Plakaten.* Vienna 1981.
Thurm, Volker (ed.): *Wien und der Wiener Kreis – Orte einer unvollendeten Moderne,* Vienna 2003.
Tostmann, Gexi: *Das Dirndl – Alpenländische Tradition und Mode.* Vienna 1998.
Welzig, Maria: *Josef Frank (1885–1967) – Das architektonische Werk,* (ed. by Hochschule für angewandt Kunst, Archiv u. Sammlung). Vienna, Cologne, Weimar 1998.
Wisniewski, Jana (ed.): *Wohnlust, Katalog zur Ausstellung im Künstlerhaus Wien.* Vienna, Graz 1986.

University of Applied Arts:
1873–1941: Kunstgewerbeschule (School of Arts and Crafts)
1941–1945: Reichshochschule für angewandte Kunst
1945–1947: Hochschule für angewandte Kunst (School of Applied Arts)
1947–1970: Akademie für angewandte Kunst (Academy of Applied Arts)
1970–1998: Hochschule für angewandte Kunst (School of Applied Arts)
seit 1998: Universität für angewandte Kunst (University of Applied Arts)

附 录

除非另有声明，否则插图的版权属于设计师或者公司所有，插图需经许可方能复制。但遗憾的是，并非所有的版权都有明确的归属。有效索赔所花费用将在正常收费范围之内。

Academy of fine arts, gallery of copperplate engraving: 85 *left*, 106, 107 *bottom left*
Albertina Museum, Vienna: 23
Angerer, Bernd (photographer): 57
Architekturzentrum Wien: 127 *top*
Austrian Frederick and Lillian Kiesler Private Foundation, Vienna: 72
Austrian Frederick and Lillian Kiesler Private Foundation, Vienna (photographer Ben Schnall): 117 *top left*
Austrian Frederick and Lillian Kiesler Private Foundation, Vienna (photographer Ezra Stoller): 117 *top right*
Austrian National Library, Vienna, picture library: 30, 33, 95 *bottom left*, 133
Blanchard, Nadine (photographer): 204 *right*
Baukunst Ortner & Ortner: 153
Chicago University Press, Chicago: 149
Coop Himmelb(l)au: 161
Demont Photo Management, LLC (photographer William Claxton), New York: 55
Ebenhofer, René: 137
Eichinger oder Knechtl: 52, 53, 125 *bottom left*, 141
Galerie Hummel, Vienna (photographer Fritz Simak): 159 *right*
Georg Schrom archives, Vienna: 71, 102, 103
Gries, Patrick (photographer): 198 *left*
Hahnenkamp, Maria (photographer): 44
Hausler, Mani (photographer): 180 *right*
Hejduk, Pez (photographer): 131 *bottom right*
Hofmobiliendepot, Möbel Museum Wien: 83 *right*, 97 *left*, 107 *bottom left*, 125 *top*, 128, 131 *top right*
Hofmobiliendepot, Möbel Museum Wien (photographer Fritz Simak): 159 *left*
Hurnaus, Hertha (photographer): 209 *left*
Imagno, Brandstätter Images / Austrian Archives, Vienna: 56
Imagno, Brandstätter Images, Vienna (photographer Franz Hubmann): 111 *bottom left, bottom right*
Jecel, Marie (photographer): 212 *right*
Krobath, Barbara (photographer): 180 *left*
Maier, Maurizio (photographer): 212 *left*
MAK – Austrian Museum for Applied Arts / Contemporary Art, Vienna (photographer Georg Mayer): 61, 62 *left, right*, 85 *top right*, 89 *top, bottom left, bottom center*, 91, 93, 95 *right*
MAK – Austrian Museum for Applied Arts / Contemporary Art, Vienna (photographer Gerald Zugmann): 87 *bottom right*, 89 *bottom right*
Noever, Katarina (photographer Eduard Hueber): 164
Österreichisches Gesellschafts- und Wirtschaftsmuseum, Vienna: 62 *center*
Pichler, Ulrike (photographer): 155 *left*, 157 *top left*, 157 *center left*
Pillet, Bianca (photographer): 198 *right*
Ramsebner, Gerhard (photographer): 209 *right*
Roth, Thomas (photographer): 18
Rudofsky, Berta (Research Library, Getty Research Institute, L.A. (920004)): 121 *top left*
Rudofsky, Berta: 121 *bottom left, bottom right*
Rüble, Lothar (photographer): 27
Schoeller, Nora (photographer): 21, 50, 79, 109 o re, 109 *bottom right*, 131 *top left*, 136, 154 *left*
Schönfellinger, Harald (photographer): 177, 182 *left*
Schwanzer, Martin: 139
Simak, Fritz (photographer): 107 *top*
Skrein, Christian (photographer): 150, 155 *right*
Spiluttini, Margherita (photographer): 24, 77, 182 *right*
Staudinger + Franke (photographers): 187 *right*
Strobl, Peter (photographer): 170
University of Applied Arts, collection, Vienna: 58, 95 *top left, center left*, 101, 111 *top*, 112, 115, 119 *top*, 127 *top left, bottom right*
Vienna City Library Poster Collection: 63
Vitra Design Museum, Weil am Rhein: 85 *bottom right*
Werzowa, Wolfgang (photographer): 49, 193 *left*
Zajc, Wolfgang (photographer): 45, 151
Ziegler, Laurent (photographer): 204 *left*

作者简介

鄂温·K·鲍尔 (Erwin K. Bauer), 曾在维也纳学习印刷、图书设计和美术设计; 自1996起在维也纳经营一家艺术设计公司"鲍尔-康泽特&盖斯特唐"(bauer-konzept & gestaltung); 主管艺术与设计的评论平台: www.kunstundbuecher.at; 目前在维也纳应用艺术大学进行着大量的讲座以及教学工作; 参与编写信息设计方面的专业著作, 如《奥图·纽拉特》(Otto Neurath),《意象》(德文: Bildersprache), 及《维也纳, 2002》(Vienna, 2002) 等。现在维也纳居住、工作。

布丽吉特·费尔德勒 (Brigitte Felderer), 曾在维也纳学习语言学, 浪漫文学和新闻传播学; 从1994年起, 兼任博物馆馆长, 文化研究学者; 最近展览: "Phonorama, eine Kulturgeschichte der Stimme als Medium" ZKM 2004/05; "Rudi Gernreich, 时尚将超越潮流" steririscher herbst, ICA, 宾夕法尼亚州, 2000/01。现在维也纳居住、工作。

丽丽·霍伦 (Lilli Hollein), 曾在维也纳学习工业设计; 自1996年起任设计和建筑类日报及国际建筑杂志自由评论员, 包括 Der Standard (A), Domus (I),《建筑学》(architecture, 美国),《构架》(Frame, 荷兰); 建筑及设计顾问; 博物馆馆长, 展览包括: "Memphis-Kunst/Kitsch/Kult. Eine Designbewegung verändert die Welt," Designzone Looshaus, 维也纳, 2002; "AustriaArchitektur," Aedes East, 柏林, 2005。现在维也纳居住、工作。

多丽丝·克内希特 (Doris Knecht), 学习过多门专业; 自由新闻撰稿人,《profil》周刊作者;《Die Presse》日报的每周评论员; 城市事件报纸《Falter》以及瑞士日报《Tagesanzeiger》每周专栏作家。《Falter》前副主编,《profil》和《Tagesanzeiger-Magazin》编辑。现在维也纳居住、工作。

盖布里拉·科勒 (Gabriele Koller), 曾在维也纳学习艺术史和考古学; 自1983起任教于维也纳应用艺术大学, 自1993起任该大学图书馆馆长; 展览馆馆长; 在奥地利发表过许多关于艺术与设计的文章, 包括:《Die Radikalisierung der Phantasie. Design aus Österreich》, Salzburg, 1987; "Von Luft sehen lernen," 于《Vergangene Zukunft》, Krems, 2001。现在格莱恩与维也纳居住、工作。

沃尔夫冈·波兹 (Wolfgang Pauser), 曾在维也纳学习法律; 1984年起, 自由作家, 文化研究学者; 专攻, 关于在企业与通信机构合同约束下的产品与市场的调查; 发表过众多关于消费者产品, 日常文化方面的出版物, 其中包括《Dr. Pausers Werbebewusstsein》(1995) 和《Dr. Pausers Autozubehör》(1999)。目前生活于维也纳。

克里斯丁·威特多林 (Christian Witt-Dörring), 曾在维也纳学习艺术史和考古学; 1979-2004年间任位于维也纳的 MAK 奥地利应用艺术/当代艺术博物馆的家具藏品的主管; 现为维也纳自由艺术历史学家和纽约新画廊馆长; 开展过大量的讲座活动; 曾主办过包括"Dagobert Peche and the Wiener Werkstätte," 1998, "Der Preis der Schönheit. 100 Jahre Wiener Werkstätte," 2003 和 "Viennese Silver. Modern Design 1780–1918," 2003, 在内的许多展览。目前在维也纳和纽约居住、工作。

尤特·沃尔通 (Ute Woltron), 曾在维也纳技术大学学习建筑学; 自1988年起, 入商业杂志 Trend 及新闻杂志 profil 的商业记者; 自1998年起任《Der Standard》日报的主编, 专注于建筑学; 在国内外刊物上发表过众多文章, 如,《Weltwoche》,《Elle》,《taz》,《Reisemagazin》,《Baumeister》,《Falter》,《Architekture & Bauforum》。目前在维也纳和下奥地利州居住、工作。

编著者简介

图加·拜尔勒 (Tulga Beyerle)，曾在维也纳学习工业设计；自 2001 年起担任自由设计顾问；与 Deyan Sudjic 合编了：《20 世纪的房子——家》(伦敦, 1999)；"Österreichische Designgeschichte 80er–90er Jahre"，于《A-Design, Beispiele österreichischen Designs》(维也纳, 2001)；"Zur Re-Edition Friedrich Kiesler, Nucleus of Forces"，于《Friedrich Kiesler, Designer》(Ostfildern, 2005)；最近举办展览："全球工具" (Global Tools) Künstlerhaus, 维也纳, 2001; "Peter Eisenman. Barfuss auf weissglühenden Mauern", MAK, 维也纳, 2004. 2001~2005 年，与合伙人经营了一家艺术设计顾问公司。目前在维也纳居住、工作。

卡林·希施贝格尔 (Karin Hirschberger)，曾在因斯布鲁克学习法律，在 Landesakademie Krems 学习过博物馆与展览馆馆长的课程；1994~1998 年任 Österreichisches Institut für Formgebung 机构的经理；1998~2002 年，任办公家具制造商本尼 (Bene) 的产品渠道经理；从 2002 年起，任 EMBACHERWIEN 公关顾问，自由设计顾问（内容包括专利的使用，合作开发、将 coaching disc® 推向市场，举办"设计与市场营销"的讲座）。曾于 1996 年在维也纳洛斯 (Looshaus) 举办了名为"视觉享受—Brillendesign aus Österreich"的展览；2006 年在维也纳 Museums Quartier 举办了名为"Schöner Verkehr" (quartier 21) 的展览，现在维也纳居住、工作。

致 谢

感谢所有赞助商，是他们使得该书得以出版；同时感谢各位作者在奥地利设计文化各个方面的献稿；感谢设计师们、艺术家们以及愿意向我们开放他们藏品的各方人士、公司以及公共机构；感谢凯瑟琳娜·丹科 (Kathrina Dankl) 和丽莎·汉佩尔 (Lisa Hampel) 在选择主题方面上的研究；感谢迪塔·卢多 (Ditta Rudle) 精心的编辑；感谢克里斯丁·威特多林 (Christian Witt-Dörring) 和盖布里拉·科勒 (Gabriele Koller) 的学术建议；感谢瓦尔特·帕明格 (Walter Pamminger) 的图像／视觉构思和玛利亚·汉娜康 (Maria Hahnenkamp) 对这构思的细心实践；感谢丽莎·罗森布拉特 (Lisa Rosenblatt) 和夏勒·依科勒 (Charlotte Eckler) 出色的翻译；感谢克劳狄·马赞纳克 (Claudia Mazanek) 对该书英文版出色的编辑；最后，同样衷心的感谢 Birkäuser 出版社的维罗妮卡·西费可·杜兰德和多乐西亚·维戈 (Véronique Hilfiker Durand, Dorothea Wagner)，乌尔里希·施密特 (Ulrich Schmidt) 和他们具有建设性的支持；特别鸣谢：Bernd Angerer, Vienna;

Gerald Bast, Vienna; Vincent Beyerle, Vienna; Harald Bichler, Rauminhalt, Vienna; Charlotte Blauensteiner, Vienna; Markus Böhm, Bananas, Vienna; Aneta Bulant-Kamenova, Vienna; eichinger oder knechtl, Vienna; Lieselotte und Gottfried Embacher, Saalfelden; Michael und Vincenz Embacher, Vienna; Günther Feuerstein, Vienna; Karl Fostel, Klosterneuburg; Gerhard Heufler, Graz; Fridolina Hirschberger, Inzing; Michael Höglinger, Brunn am Gebirge; Julius Hummel, Galerie Hummel, Vienna; Martina Kandeler-Fritsch, Vienna; Alexander Korab, Vienna; Patrick Kovacs, Vienna; Lieselotte Laun, Vienna; Heidemarie Leitner, Vienna; Matthias Mulitzer, Vienna; Katarina Noever, Vienna; Eva B. Ottillinger, Vienna; Rüdiger und Roderich Proksch, Vienna; Désirée Schellerer, Vienna; Petra Schmidt, Frankfurt; Nora Schoeller, Vienna; Georg Schrom, Vienna; Martin Schwanzer, Vienna; Svila Singer, Vienna; Christian Skrein, St. Gilgen; Hedi Stieg-Breuss, Vienna; Josef Veber, Vienna; Maria Welzig, Vienna; Wolfgang Werzowa, Vienna; Marktgemeinde Wiener Neudorf; Elisabeth Wrubel, Vienna; and Wolfgang Zajc, Vienna.

著作权合同登记图字：01-2006-5179号

图书在版编目（CIP）数据

奥地利设计百年（1900~2005）/（奥）拜尔勒，希施贝格尔编著；赵鹏译.—北京：中国建筑工业出版社，2008
ISBN 978-7-112-10255-6

Ⅰ.奥…　Ⅱ.①拜…②希…③赵…　Ⅲ.建筑史-奥地利-1900~2005
Ⅳ.TU-095.21

中国版本图书馆CIP数据核字（2008）第118139号

A Century of Austrian Design 1900~2005/Tulga Beyerle, Karin Hirschberger
Copyright © 2006 Birkhäuser Verlag AG (Verlag für Architektur), P.O.Box 133, 4010 Basel, Switzerland
Chinese Translation Copyright © 2008 China Architecture & Building Press
All rights reserved.
本书经 Birkhäuser Verlag AG 出版社授权我社翻译出版

责任编辑：孙　炼
责任设计：郑秋菊
责任校对：孟　楠　王　爽

奥地利设计百年（1900～2005）
A Century of Austrian Design (1900～2005)
［奥］图加·拜尔勒　　　　编著
　　　卡林·希施贝格尔
　　　赵　鹏　　　译

*
中国建筑工业出版社出版、发行（北京西郊百万庄）
各地新华书店、建筑书店经销
北京嘉泰利德公司制版
北京画中画印刷有限公司印刷
*
开本：889×1194毫米　1/24　印张：9½　字数：350千字
2009年1月第一版　2009年1月第一次印刷
定价：59.00元
ISBN 978-7-112-10255-6
　　　（17058）

版权所有　翻印必究
如有印装质量问题，可寄本社退换
（邮政编码 100037）